江南大学社科类青年基金项目（JUSRP11869）

江苏省非物质文化遗产研究基地、江南大学设计学学科建设经费资助出版

西风涟漪

——近代中原汉族民间服饰变迁

邢　乐　梁惠娥　编著

国家一级出版社　　中国纺织出版社　　全国百佳图书出版单位

内 容 提 要

独特的地理环境与人文氛围，促使中原地区形成了汉族与少数民族交融多样的服饰文化遗产。民间服饰是凝结璀璨民间艺术精神的重要载体，也是当今全球一体化背景下，保持中华民族文化独立性的宝贵财富。本书从设计艺术学、社会学、传播学、符号学等多角度，完整系统地梳理和详细研究在近代特殊的历史背景下，中原民间服饰着装形式与文化思潮的变革。

近代中国社会格局巨变，外来思潮潜移默化地影响了中原地区固有的穿衣模式。对近代中原汉族民间服饰变迁的研究，不仅可以透过服饰现象了解当时社会发展与地域文化特征，而且服饰作为一种文化符号具有推动社会文化变革的作用，也为当下传统服饰遗产保护与传播提供参照经验。

图书在版编目（CIP）数据

西风涟漪：近代中原汉族民间服饰变迁／邢乐，梁惠娥编著.--北京：中国纺织出版社，2019.1

ISBN 978-7-5180-5596-8

Ⅰ.①西… Ⅱ.①邢… ②梁… Ⅲ.①汉族—民族服饰—文化史—中国—近代 Ⅳ.① TS941.742.811

中国版本图书馆 CIP 数据核字（2018）第 259304 号

策划编辑：张晓芳　　责任编辑：朱冠霖　　特约编辑：朱佳媛
责任校对：王花妮　　责任印制：何　建

中国纺织出版社出版发行
地址：北京市朝阳区百子湾东里A407号楼　邮政编码：100124
销售电话：010—67004422　传真：010—87155801
http：//www.c-textilep.com
E-mail：faxing@c-textilep.com
中国纺织出版社天猫旗舰店
官方微博http：//weibo.com/2119887771
北京玺诚印务有限公司印刷　各地新华书店经销
2019年1月第1版第1次印刷
开本：710×1000　1/16　印张：10.75
字数：161千字　定价：68.00元

前　言

（一）

中原文化是以河南为中心的黄河中下游地区的物质文化和精神文化的总和，具备强大的传播力和辐射作用，不仅是一种地域表层文化，同时也是中华民族传统文化的主干和根基。中原地区自上古时期就形成了发达的农业文明，并通过不断地与邻近族群间习俗、规范的交融、衍生，为后世中国社会政治制度、文化礼仪典章的形成打下基础。然而，唐宋以来河南境内水运环境逐渐萎缩，漕运衰落，北宋南迁，中原在全国的文化地位随之衰落。明清时期，黄河多次决口、改道、泛滥，使得这种衰落达到了极点。鸦片战争迫使中国打开了对外交流的大门，不同的文化形式一拥而入，民间文化逐步西化，一方面促进了文化的多样化，另一方面也使风雨飘摇的中国传统文化备受冷落。改革开放后，经济建设的迅猛发展，促使社会及文化格局突变，甚至出现了文化"格式化""一元化"的现象，青年一代对西方社会过剩的物质与精神追求与对本民族传统文化的贫乏认知形成鲜明对比，中国传统文化、民间艺术遗产走向微式。中原文化是中华传统文化的根本，因此对其根基性研究是全球化趋势下维系民族个性与独立性的一项重要举措。

著名民间艺术家、画家杨先让先生1986～1989年期间14次出入黄河流域，完成著作《黄河十四走》，并在20世纪80年代黄河流域民间艺术考察报告中谈到：黄河流域是中华民族文化艺术最富有具代表性的大区域、大文化圈。对黄河流域民间艺术的考察，很有可能获得认识和打开中国其他地区民间艺术的一把钥匙。服饰是民间文化的一种显性载体，是能够真实反映人的世界观的创造物，其产生、发展、演变都直接受制于社会的总体环境。在我国数千年的服饰发展历程中，以中原地区为代表的汉族民间服饰一直以来都占据着主导地位。而长期以来，中原文化的包容性与多元性决定了其最容易受到外来文化的影响，地域特色被忽略。特别是近年来随着传统文化保护与传承呼声日益高涨，少数民族服饰以其多姿多彩的形式吸引了众多学者的目光，作为中国主流服饰文化的汉族民间服饰关注度却明显不足。独特的地理环境与人文氛围促使中原地区形成了汉族与少数民族交融多样的服饰文化遗产，这是凝结我国璀璨民间艺术精神的重要载体，也是当今信息全球化背景下，保持中华民族文化独立性的宝贵财富。因此，以中原汉族民间服饰为视角，探究服饰形制、色彩、装饰等艺术特征及其折射出的文化内涵、民间信仰、世俗生活，对中华民族传统历史文化遗产、社会建构等研究具有非常重要的启发意义。

美国人类学家克利福德·格尔兹（Clifford Geertz）在《文化的解释》一书中提到："文化具有一种通过符号在人类历史上代代相传的意义模式，传承的观念表现于文化的象征形式之中。通过符号体系，人与人相互沟通、绵延传续，进而衍生出对人生的知识及生命的态度。"文化的变迁指与其他文化群体接触或自身所处环境、观念的改变引起的内容和结构的变化。对于中原地区几千年来固有的社会模式革新，近代外来文化的层层渗透无疑是最具冲击力的。因此，对近代中原汉族民间服饰变迁的研究，不仅可以透过其流变现象掌握社会发展规律与地域文化特征，同时考析服饰作为文化传播媒介与社会变革的相互关系，为当下传统服饰文化遗产保护与传播提供经验参照。

（二）

本书以中原汉族民间服饰为研究对象，选取近代这一时间段，通过大量服饰传世品实物分析，结合地方史志、近代报刊杂志、著作、论文等文献资料考证，梳理了中原地区服饰形制、材料、色彩、装饰、图案等艺术特征以及典型礼仪服饰逐步变化的过程。与此同时，探讨了近代社会政治、经济、文化传播等因素对服饰流变的影响。

近代中原汉族民间服饰带有多重性格与民族交融的烙印，是汉文化与异域文化，东西文化，旧制度与新时尚文化交流的产物。民间服饰新旧交替，中西杂糅，有序共生。传统服装强调隐藏人体的平面布局，重缝纫、轻剪裁的工艺结构；服装配饰秉承实用为目的的造物理念，以弥补服装本身功用性的不足，形制小巧、装饰精美、寓意丰富，是中原百姓人际交往中传递情感的载体。实物分析、文献考证与实地调研表明，中原地区穿用左衽服装、束裤脚的着装现象较为普遍，可推测此现象为少数民族与汉族文化传播交流在服饰形制上的外在表现。中原民间刺绣、缘饰等服装制作工艺精湛，与周边区域文化有着千丝万缕的联系，其表现手法既热情直白，又含蓄内敛，似西北人的单纯质朴，又有江南人的柔美淡雅，表现出融合南北又区别于南北的艺术特征。

中原地区长期以来受到儒、佛、道多元文化的影响，特别是汉民族传统"礼"文化的垂直传播，民间服饰注重礼俗与仪式的营造，民俗文化保留较为完整。近代中原民间诞生、婚姻、丧葬等礼仪服饰款式稳定，受外来文化影响较小。儿童礼仪服饰主要有横量衫、百家衣、"狮子裤""穿十二红"等，寓意趋吉避害，表现了中原百姓重视生命和子嗣繁衍的传统思想。中原传统婚嫁服饰及所需纺织品名目繁多，是当时考量女性妇德、妇行的重要标准，后来受到新潮思想的影响，以社会名流、知识分子为代表的婚礼服饰逐渐西化。中原百姓重伦理，以"辨亲疏"和"佑后代"为理念的丧葬服饰制度与行为准则沿用至今。服饰色彩、图案不仅具有独特的地域性艺术表现力，也是人际交往过程中传递审美价值、民间信仰、情感归属等信息的载体，同时肩负着代际间伦理教化传播的作用。

在政治、经济、文化等社会因素与自然环境因素共同作用下，近代中原汉族民间服饰缓慢西化，逐层递进。服装形制由宽到窄、由平面到立体，色相纯度低、明度高的服饰色彩与中原传统用色理念新旧交融。服饰材料的丰富使得装饰与制作工艺日趋简化。新思潮由城镇到农村，由知识分子、公职人员到普通百姓逐层传播，地域、阶层、职业与知识背景的差异代替了封建社会的等级差异成为服饰形象认定的新标准。松散动荡的政治制度为服饰变革提供了宽松的环境，官方服制改革政令推行与新生活的倡导动摇了传统服饰根基。近代中原铁路建设带动了商品经济的发展，增加了百姓对西方工业文明的认识，为民间服饰文化流变提供了经济基础。与此同时，中原自然灾害频发加之连年战乱，导致地区经济发展不平衡，贫富差距增大，拉大了服饰的地区和阶层差异。深入底层的宗教传播与具有着装示范效应的留学生使民间百姓更切实地接触到西方服饰形制与生活方式，促进了中原民间服饰新模式的形成。

差异性的文化互动与传播是社会变革的重要推动力。近代中西方主动或被动的文化互动，撼动了中原固有的社会模式，催生了民间多样的着装形式。新式服饰在人际活动中的文化传播作用，反之又促进了新思潮传播效果的提升。鉴于传播学理论，通过近代中原汉族民间服饰流变与文化传播关系的梳理，提出服饰是实物、符号与信息三个层面要素合一的传播媒介。服饰媒介传播内容涉及审美文化、民俗文化、制度文化，承载信息丰富，传播效果直观，信息交流及时，并具有时空广泛性，传播方向包含上行下效的纵向传播、民间横向传播与越来越丰富的双向传播。近代报纸、杂志等大众传播技术的发展，与民主、自由的社会带来的传播者主体的转换是促进服饰文化传播新格局形成的重要因素。

（三）

本书归纳了中原汉族民间服饰艺术特征，还原了近代中原社会与文化传播环境，探究了服饰中原服饰变迁与社会因素间的相互关系。中原传统文化底蕴深厚，其服饰艺术形式与文化内涵的挖掘也必将是一个宏大的工程，中原民间服饰文化研究仍存在巨大的空间。

中原汉族民间服饰以及相关非物质文化遗产的逐个排查与研究还不够全面。本书在877件近代中原汉族民间服饰传世品与实物资料分析的基础上，对其典型服饰形制、色彩、装饰图案等艺术特征进行了梳理，但涉及染色、纺纱、织造、制作等传统工艺技术的研究较少。因此，在今后的研究中应加强对中原民间服饰相关非物质文化遗产的研究，并继续通过深入访谈、口述等研究方法，还原传统民间服饰制作背景，完善中原汉族民间服饰研究。

中原文化区域内部服饰文化的差异性可作为今后研究的一个方向。通过对近代社会环境分析，发现河南铁路建设与经济发展的不平衡，这导致了中原各区域民间文化的差异增大。另外，从收集的传世服饰品来看，豫东、豫北、豫南、豫西民间服饰色彩、刺绣、图案表现方式存在一定的差异性。笔者自课题开展以来，前后多次对河南进行调研，但集中于省会郑州与洛阳、开封文化等核心区域，对中原内部服饰的差异性及边缘区域的服饰文化研究还有待深入。

中原地区与其他汉族聚集区域服饰文化的比较研究是了解中原文化传播脉络的有效途径。实物与文献研究发现：中原文化具有强大的传播与辐射作用，近代民间服饰依然保留着少数民族服饰文化融合的烙印，同样其他汉族聚集区民间服饰也必然与中原服饰文化有千丝万缕的联系。因此，分析中原与其他汉族聚集区传统服饰文化的共性与个性，对中原文化发展历史与传播脉络研究，具有非常重要的指导意义。

（四）

江南大学服饰理论与文化研究团队数十年来对我国汉族聚集区民间服饰遗产的研究为本书的撰写提供了扎实的理论基础；江南大学汉族民间服饰传习馆馆藏及笔者多次中原地区实地考察收集的近代中原汉族民间服饰传世品为课题的推进提供了充足的实物基础；另外，笔者在博士在读期间赴美国路易斯安那州立大学、香港理工大学联合培养学习经历为本课题的实施提供了学科交叉研究的必要条件。

　　本研究是笔者博士论文的后续，同时也是江南大学社科类青年基金项目：我国汉族婚俗服饰遗产保护与开发研究（JUSRP11869）的阶段性成果，旨在通过挖掘民间服饰遗产的文化与艺术价值，扩展服饰文化遗产的多元化渠道应用。文化遗产只有转换到当下人们的生活中，才能更好的保存和传承，进而促进文化的再生。

　　感谢江南大学设计学院学科建设经费以及江苏省非物质文化遗产研究基地对本书出版提供的经费支持。

编著者

2018年8月

目　　录

第一章 绪 论

第一节 概念厘清

一、民间工艺美术近代开端

中原服饰历史源远流长，其文化演变必然是一个庞大而繁复的体系。封建王朝的更替以及少数民族与中原文化的相互交流，促使了民间服饰不同程度的变革。从鸦片战争（1840年）至中华人民共和国成立（1949年）这段时间，即旧民主主义革命与新民主主义革命时期，我国由封建王朝覆灭到半殖民地半封建社会，再到社会主义制度的确立，是社会政治、文化及经济发生较大变革的历史阶段。

虽然鸦片战争是我国近代史的开端，然而与民间百姓相关的民生产业和民间工艺仍为传统手工的性质，带有深厚的农耕经济自给自足的特点。庚子赔款之后（1900年），租界兴起，华洋混居，始有国人主办的小型民生产业雏形初现，由沿海通商口岸拓展至全国，受西方文化形态影响的民生设计获得了一定的生存空间和消费群体。因此，也有学者提出民间工艺美术近代的开端应该从庚子赔款之变后算起。结合以上观点，处于内陆地区的中原民生设计与民间工艺发展缓慢，若将近代划分为更为零碎的历史阶段，对研究中原地区民间服饰流变则过于片面，缺乏整体性。因此，本书中所研究历史阶段是包含了清末、民国至中华人民共和国成立，较为广泛的历史时期，探讨其服饰演变过程具有一定的代表性。

二、中原区域概念

根据已有地域文化相关研究的成果，李慕寒等人提出："地域文化又可称区域文化，是受着地理环境的影响由多个文化群体所构成的文化空间。居住在不同地区的不同民族在心理特征、生产方式、生活习俗、民族传统、社会组织形态等物质和精神方面存在着不同程度的差异，从而形成具有鲜明地理特征的地域文化。"❶简而言之，地域文化是指在特定的地理区域内形成的，源远流长、独具特色，至今仍被传承与应用的文化传统。

"中原"有狭义和广义之分，狭义指今河南大部分地区，属于我国古代中部平原。《宋史·李纲传》记载："自古中兴之王，起于西北，则足以据中原而有东南。"在此"西北"指陕西关中一带，"东南"指江南，"中原"就是指河南一带。广义的中原多是指黄河中下游地区，诸葛亮《出师表》："今南方已定，兵甲已足，当奖帅三军，北定中原。"❷古代，"中原"以指广义的为多，具体是指以洛邑地区为中心，方圆五百里的地区，几乎囊括了今河南省，并包含山西、陕西、山东、河北等省的部分地区。《辞海》中对中原的界定是："古称河南及附近地区为中原，东晋南宋亦有统指黄河下游为中原者。"虽然古代河南曾归于不同的行政区域，甚至隶属管辖的政权也不相同，但共同的地理环境，使黄河中下游地区形成了相似的文化特征。特别是元朝以来，由称作河南江北省的行政区划所管理黄河中下游地区，进一步加快了中原文化区域的形成。

近代以来，中原多指狭义的中原。因此，本课题研究地区范围主要集中在今河南省境内，该地区是我国由东部平原向西部丘陵山区的过渡地区。唐宋时期，中原地区有大运河贯通，20世纪以来铁路在这里交会，自古以来该地区就是连南接北、承东启西的地方。

三、汉族民间服饰

关于汉民族族群研究与概念界定一直以来都是颇有争议的历史学、民族学问题。一般来说，汉族发源于黄河流域，传说中华夏、苗蛮、东夷三大族系融合而成先秦时期的华夏族。春秋战国时期，蛮夷戎狄与华夏族在秦汉帝国建立后迅速发展成为一个文化一致、人口众多的汉民族❸。有学者指出，民族是文化的共同体，而不是血缘的共同体。汉民族在发展过程中通过融入其他部族而不断壮大，并形成了共同的祖先记忆与文化认同，成为占我国人口最多的主体民族。

目前，在已知的汉语文献中，汉族服饰有几层意思：一是指我国历史上汉朝的服装；二是指华夏族、汉人或汉民族的"民族服装"；三是把"汉服"视为汉

❶ 李慕寒，沈守兵. 试论中国地域文化的地理特征［J］. 人文地理，1996（1）.

❷ 单远慕，宁可. 中华文化通志·地域文化典·中原文化卷［M］. 上海：上海人民出版社，1998，14.

❸ 叶文宪. 论汉民族的形成［J］. 古代文明，2011，5（3）：2–22.

族的服装，被当今社会上汉服爱好者推崇为是可以代表我国最多数人的"华服"或中国人的民族服装。本文所指的"汉族服饰"即第二种意思，是指长期生活在中原地区具有共同文化根源的汉民族，百姓日常生活与社会交往活动中穿用的服装、配饰以及与此相关的服饰现象与行为习惯。

华夏民族在长期的生产生活中形成了区别于其他民族的系统性的服饰体系。少数民族入主中原，女真族推崇华夏传统文化，女真族统治期间金人的服饰制度渐渐被汉族的服饰制度所同化，与汉族融为一体。之后，元代统治者也实行了学习汉语、着汉衣冠的政策，使得汉族服饰的文化意义得到了保存，并与少数民族的服饰融合。清入关后，统治者试图通过强制推行满族的服装样式和发型来达到政权的稳固，但强烈的民族反抗，最终迫使统治者施行"十从十不从"的服饰政策，严格要求男性必须遵循满族服制，汉族女性的服装以及礼仪服饰仍沿用明朝旧制。由此可见，广大汉族女性长期沿用的服饰体系和服饰传统并未被取代，近代以前，汉族服饰保持着较为完整性、系统性、符号性的特点。

民间服饰主要以着装对象的身份地位与着装场合作为服饰划分的标准：封建社会，民间服饰区别于帝王、文武百官、皇亲国戚的朝服、吉服等宫廷服饰，多指平民百姓穿用的服饰品；近代以来，民间服饰则指由民众自己制作、穿着、使用、保存的日常或礼仪活动中穿着的服饰品，具有自发性、自娱性、专业性和业余性兼备的特点❶。

第二节 近代中原汉族民间服饰种类

本书立足实物分析，以江南大学汉族民间服饰传习馆（简称"江南大学传习馆"）、河南省博物院、中原服饰文化与设计中心、洛阳民俗博物馆、开封汴绣厂等地所藏的来自中原地区的袍、裙、裤、马甲、云肩、披风等服装417件，鞋、荷包、帽、眉勒、脑包、耳暖等服饰配件342件，枕顶等绣品118件，总计877件近代中原地区民间服饰品为基础（见附录），对其服装形制、结构特征、服装配饰、装饰图案、制作工艺及民俗文化内涵进行分析，其样本类型及明细如表1-1所示。

---

❶ 张竞琼，崔荣荣. 传承与弘扬—论"江南大学民间服饰传习馆"的建设［J］. 江南大学学报，2005-8-20：126-128.

表1-1 中原地区民间服饰实物研究明细表

种类	袄	衫	褂	袍、旗袍	裙	裤	马甲	云肩	围嘴	童衣	披风	肚兜	袖口	合计
数量（件）	51	53	12	12	85	18	14	107	14	7	4	38	2	417

在近代中原"上衣下裳"的传统着装中，上衣主要有袍、袄、衫、褂、马甲，可为单、夹或者棉制，下装以裙和裤为主，裙有马面裙、百褶裙、凤尾裙等，裤分为紧身裤、大裆裤、套裤、大腰棉裤。其中男、女服装按照着装场合与季节分类，如表1-2所示，男士服装形制比较固定，而女士服装因制作精美程度不同，适用不同的着装场合，其中装饰精美的云肩、裙、旗袍等多为礼仪服饰。

表1-2 近代中原民间服装种类表

着装季节	男子		妇女	
	盛装	常服	盛装	常服
秋冬	袄、褂、西服、中山装、裤、马甲	长棉袄、短襟棉袄、大腰裤、皮袄、皮袍、裤	大襟袄、褂、裙、云肩、旗袍	大襟袄、大腰棉裤、套裤、绑腿
春夏	长袍、马褂、衫、裤	粗布小夹衣、短袖、汗衫、长裤、齐膝短裤	衫、裙、短袖、长裙、旗袍	衫、旗袍、大裆裤、紧身裤

中原民间服装配饰品类繁多，融实用性与审美性为一体，起到完整服饰形象的作用。近代中原汉族民间服装配饰，按照其佩戴和修饰的部位可分为：以帽、眉勒、暖耳等的首服、以荷包为主的腰饰及妇女绣鞋、袜等足衣，如表1-3所示。

表1-3 近代中原地区民间服装配饰实物明细表

种类	首服/件			腰饰/件	足衣/双						其他/件	合计
名称	帽	眉勒、脑包	暖耳	荷包	鞋	袜	鞋垫	鞋跟	绑腿、裹腿		围巾	342
数量	59	25	11	107	119	1	9	2	6		3	

第三节 近代中原汉族民间着装基本特征

通过以上近代中原汉族民间服饰实物梳理，结合表1-4，由河南省地方志、中原核心文化区域郑州、开封、洛阳、陕县、太康等地区地方文献整理可知：清末民国传统形制的日常衣着仍占主导地位，在沿袭传统"上衣下裳"的基本服装形制的同时，出现了更多改良样式及搭配方法。

表1-4 中原部分地区地方文献中关于近代民间着装形式的记载

着装文献来源	着装对象及文献描述	
	男子	妇女
河南省地方志[①]	农村：对襟小布衫、大襟长棉袄、撅肚小棉袄、大裆裤、套裤、绑腿 城镇：长袍、马褂、学生装、西装、中山装	农村：大襟、大腰衣裤的袖口、衣边、裤管均镶绲 城镇：妇女有些穿旗袍、裙子
郑州市地方志[②]	农村：冬天穿长棉袄或撅肚小棉袄、大腰裤，夏穿对襟小布衫和长单裤 城镇：礼帽、长袍马褂、中山装，铁路工人和警察穿工作服，中小学生穿童子军制服	农村：妇女多穿单、夹棉衣，大襟短上衣，大腰裤，扎绑腿 城镇：有些富家女子擦粉抹口红、穿高跟鞋、旗袍
洛阳市地方志[③]	农村：粗布小夹衣、短袖或汗衫，下身长裤或齐膝短裤 城镇：长袍马褂、对襟男衫、中山装	农村：着装多沿袭旧制，农村妇女多穿偏襟女衫 城镇：民国以后，富家女子夏天也着短袖、长裙或旗袍
开封市地方志[④]	农村：粗布大棉袄、撅肚小棉袄、大腰甩裆裤 城镇：政府官员、公务员、教师、记者、职员穿中山装或西装，铁路、邮电职工穿行业制服，一般市民穿布衫、夹袄、裤，上身穿对襟、窄袖、密扣、紧身衣，下穿灯笼裤	农村：妇女上衣下裤为主，大襟式衫、袄，大裆裤 城镇：妇女上衣为对襟式或大襟式；知识界富家女子穿旗袍、连衣裙；女学生穿白或浅蓝色大襟短上衣，下束深色短裙，足穿长袜或短袜，黑色带襻布鞋
睢县地方志[⑤]	农村：青壮年男子腰束大带 城镇：一般市民长袍马褂、瓜皮帽，知识分子、学生、政府官员多穿中山装、西服、便服、戴礼帽	镶边大褂、胖腿裤、大裆裤，1920年后多紧身裤褂、旗袍
太康县地方志[⑥]	农村：青壮年上身偏襟或对襟小布衫，外穿对襟短棉袄，束大腰带，下身大腰打褶大裆棉裤 城镇：一般市民长袍马褂、瓜皮帽，知识分子、学生、政府官员多穿中山装、戴礼帽、便帽	镶边大褂、大裆裤，民国期间多紧身裤、旗袍

续表

着装 文献 来源	着装对象及文献描述	
	男子	妇女
陕县 地方志[7]	春秋多穿中式长衫，冬季富者穿皮袄、皮袍、皮裤、棉袄、棉裤，贫者穿土布棉袄、棉裤	农村老年人仍穿套裤、棉袄、棉裤及偏襟小衫

①河南省地方史志编纂委员会. 河南省志·民俗卷［M］. 郑州：河南人民出版社，1995年4月：51-52，66-67.

②郑州地方史志编纂委员会. 郑州市志文物·风景名胜·社会生活卷［M］. 郑州：中州古籍出版社，2000年6月：522，541-542.

③洛阳地方史志编纂委员. 洛阳市志·第十七卷·人民生活志［M］. 郑州：中州古籍出版社，1999年12月：15-16，179.

④开封市地方史志编纂委员会. 开封市志·第三十六卷·民俗［M］. 北京：北京燕山出版社，1999年10月：322-323，339-341.

⑤睢县地方史志编纂委员会. 睢县志第十五编·社会［M］. 郑州：中州古籍出版社，1989年5月：452-453.

⑥太康县志编撰委员会. 太康县志［M］. 郑州：中州古籍出版社，1991年8月：618.

⑦陕县地方史志编纂委员会. 陕县志［M］. 郑州：河南人民出版社，1988年12月：607-608.

一、农村着装特征

中原农村或山区男子服装形式比较传统，上衣下裤、棉袄、大裆裤是常服的基本形式，大多粗布制作，富裕家庭使用丝绸或细布。大棉袄又称大襟衣（图1-1），有单、夹、棉之分。单、夹大襟衣也称"大布衫"，旧时男、女均可穿着。绝大多数男性穿对襟短棉袄，俗称"马墩"，农村戏称为"撅肚棉袄"。一般在棉袄内穿偏襟或对襟棉布褂，也有不穿内衣者，称之穿空心棉袄、空心棉裤。男性在棉衣外束一条宽1尺、长7尺的黑色或蓝色大腰带，也有系根绳子的，

图1-1　近代中原传统男袄（江南大学传习馆收藏）

俗称"腰里束条绳，强似穿十层"，强调了腰带的保暖作用。大腰带既满足了防寒保暖的需要，也方便生产劳作。男、女棉裤都是不分前后的粗腿宽腰大裆裤，因裤腰太宽，束腰时必须先把裤腰横向折起来。

　　农村妇女的衣着沿用明清旧制，所穿大襟、大腰衣裤，袖口、衣边、裤管均经过镶绲（图1–2、图1–3）。洛阳市地方志记载，老人的上衣大多长过膝，裤子也是大腰裤，男女老少均习惯腿上扎"绑腿带儿"，中年以上妇女，特别是老妪四季都扎（图1–4）。有学者指出扎腿带的习惯是受游牧民族骑射服饰的影响，

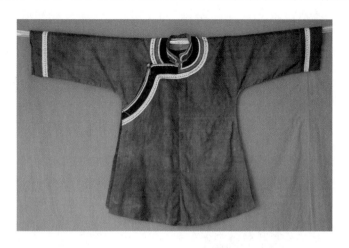

图1–2　清末中原大襟衫（江南大学传习馆收藏）

图1–3　清末河南镶边大裆裤
　　　　（江南大学传习馆收藏）

图1–4　河南农村妇女装扮（1942～1943）❶

❶　杂谈民国1942–1943年河南大灾荒［DB/CD］. 2012年8月30日更新，2016年2月引，http://blog.sina.com.cn/s/blog_a091a93f0101e5ev.html.

先用蓝色或黑色绣有花卉纹样的细裤筒束住，再用2寸宽的棉布腿带在脚脖处扎紧。旧时大多数农民无罩衣，只有过节时才穿粗布外罩衣。贫困人家娶妻嫁女，为避亲家或外人的嘲笑，便租赁长袍、马褂、马甲、嫁衣。

二、城镇着装特征

清末民初，城镇官商、公职人员、知识分子、帮会头目及富庶阶层与农村民众服装形式逐渐分化，中式服装对襟马褂、长袍与西式中山装、西服、礼帽搭配并存。如图1-5所示，民国河南滑县年轻商人照，二人带皮帽和瓜皮帽，身穿长袍紧身马褂，窄袖，前襟缀纽扣五枚，衣长至腹，图为士绅商贾典型着装形态。铁路工人、邮电职工、警察等公职人员穿工作服，如图1-6所示。青年学生偏爱学生装，中小学生穿童子军制服类似中山装，如图1-7所示，其制低领，衣服正面左右衣襟下方，各设一暗袋，左襟上方设计一明袋，共三个口袋。小商小贩和一般市民服装款式并不固定，与农民服装形制大致相同。

图1-5　民国河南滑县美华相馆年轻商人照❶

妇女日常着装比较丰富，传统着装形式以上衣下裤为主要形制（图1-8），城镇富家女子、知识分子擅长将旧制裙子和改良旗袍并用❷。裙子相比裤子是较

---

❶　民国河南滑县美华相馆年轻商人照，老照片［DB/CD］. 2016年2月28日引用，http：//www.997788.com/8229/auction/191/2260965/.

❷　洛阳地方史志编纂委员会. 洛阳市志·第十七卷·人民生活志［M］. 郑州：中州古籍出版社，1999年12月：15-16，179.

图1-6 民国二十一年公路警察装扮❶　　　　图1-7 民国巩县县长和儿子装扮❷

为正式的服装，在比较随便的场合穿裤或穿裙皆可，如果要见客人则必须穿裙子❸。民国以后，城镇女子着装更加西化，夏天着短袖、无袖旗袍或长裙、连衣裙的女性增多（图1-9、图1-10），女学生上穿白或浅蓝色大襟短上衣，下束深色短裙。

　　近代中原民间服饰呈现中式传统着装、西式服装、中西合璧式三种着装新旧交错的现象。新中国成立前，西式服装逐步在城镇地区代替传统着装形式。如图1-11所示。20世纪40年代河南许昌地区知识分子合影，照片中男士穿着中山装、学生装、西服，女士穿着旗袍等中西合璧及西式服装的比例较大，20位男士中仅有两位着中式长袍，男士服装西化现象更为普遍。

　　由此可见，近代中原地区服饰依然起着个体身份识别的符号作用，民众服饰形象以地区间、城乡间差异逐渐替代了封建社会官与民的差异，以知识背景、富余程度以及职业的差别逐渐代替了阶级差异，成为身份认定的新标准。近代中原地区民间服饰总体上呈现：中西搭配，新旧交融，社会名流、官贾商贵、知识分子、学生群体、市井商贩、农民等群体着装形式逐步分化，地区、城乡与职业差异显著。

---

❶　民国二十一年1932年公路警察队成立摄影［DB/CD］. 2016年2月28日引用，http：//image.
baidu.com/search/detail?ct=503316480&z=0&ipn=d&word=

❷　清代民初·巩义市（巩县）老照片·怀旧思乡［DB/CD］. 2010年12月6日更新，2016年2
月28日引用，http：//blog.sina.com.cn/s/blog_646f0cac0100npn4.html.

❸　河南省地方史志编纂委员会. 河南省志·民俗卷［M］. 郑州：河南人民出版社，1995年
4月：51-52，66-67.

图1-8　河南名妓装扮❶　　　图1-9　着旗袍的河南　　　图1-10　着无袖旗袍的
　　　　　　　　　　　　　　　　　坠子歌孃❷　　　　　　　　　河南坤角❸

图1-11　着中西服装的河南许昌教师合影（1940～1949）（笔者收藏）

❶　三凤. 艳簇花影［M］，全国各埠名妓小影，1911年，53.（文献来源：晚清与民国期刊
全文数据库，全国报刊索引）

❷　秦圃. 河南坠琴大王姚俊英倩影，天津商报画刊［J］. 1935年，15（39）：1.（文献来
源：晚清与民国期刊全文数据库，全国报刊索引）

❸　河南驰名坤角老生马维铭女士［J］. 时代影剧，1946年5月，复刊1：3.（文献来源：晚
清与民国期刊全文数据库，全国报刊索引）

第二章 近代中原地区汉族民间服装形制

民间服饰因时代背景、地理环境、生产方式、社会礼法制度、民间信仰等因素的差异呈现出独特的表现形式。中原地区长期以来受政权更替、人口迁徙、少数民族文化互动等活动的影响，服饰形制多样，近代以来中原本土文化与外来文化碰撞与融合中不断变化，呈现出"西装东装、新旧土洋、杂糅交替"的现象。

第一节 中原汉族民间服装形制与结构

作为传承我国主流文化的中原地区民间服饰多采用中轴对称的服装造型款式，强调均衡、统一、对称的形式美感，以此体现穿着者的精气神，总体上呈现出恢弘、大气、朴实、浑厚的艺术特征。以上装袄、衫、褂、袍、马甲五类民间服饰为样本，对其形制、尺寸、装饰部位、系扣方式等因素进行分析，如表2-1所示。

表2-1　近代中原民间服饰上装形制概况

种类	袄	衫	褂	袍	马甲
数量（件）	51	53	12	12	14
形式	窄身长袖，衣长至腹部；宽身长袖或七分袖多衣长过臀	窄身长袖、宽身七分袖或长袖，衣长至腹部或过臀	窄身长袖，衣长较短，往往只到腹部	男士长袍9件，旗袍3件，窄身长袖	成人马甲10件，儿童马甲4件，其中2件为披挂式
领型	无领2件，立领49件，领高3～8.5cm	无领2件，立领51件，领高3.5～7cm	立领，领高3.5～6.5cm	立领，领高4.5～6.5cm	无领5件，立领，领高3.5～7.5cm
门襟形式	右衽32件 左衽18件 对襟1件	右衽33件 左衽20件	对襟	右衽	右衽8件 左衽1件 对襟5件

种类	袄	衫	褂	袍	马甲
袖型	宽袖口宽：29～46cm 窄袖口宽：14～18cm	宽袖口宽：23～44cm 窄袖口宽：12～18cm	袖口宽：15～25cm	袖口宽：16～18cm	—
装饰部位	领缘、襟缘、袖缘、底摆、两侧开衩处贴边、镶边、绲边	领缘、襟缘、袖缘、底摆镶边、绲边装饰	—	女士旗袍襟缘、领缘贴边、镶边，男士长袍无装饰	襟缘、领缘、镶边、贴边
系合方式	一字扣、盘扣、镂空铜纽	一字扣、铜纽、塑料纽扣	一字扣	一字扣、鎏金铜纽	盘扣、一字扣

　　从款式上看，上衣展开多呈平面直线"十字"造型，对襟或大襟右衽居多，通袖长在150～200cm，袖子宁长勿短，可挽起或放下，增加服装的功能性，同时表现出中国传统的节俭意识与掩蔽官能思想：在我国古代社会，人们普遍认为将人的形体、器官遮蔽起来会更加含蓄，更具美感❶。传统服饰"重缝制轻裁剪"，结构简洁舒展，通常只有袖子底边缝和侧摆相连的一条结构线，整件衣服可铺成一平面。根据服装胸围、底摆、衣袖的宽度可分为宽身与窄身。一般情况下，妇女服装多衣身宽大，衣长过臀，长袖或七分袖，多见于袄和衫；男士服装衣身较窄，多见于褂和袍，对襟或偏襟，装饰较少，如图2-1所示。近代中原地区典型的镶边女袄，大襟右衽，宽身大袖，立领圆摆，两侧开衩，衣

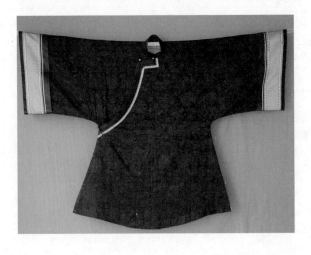

---
❶ 陈道玲. 近代民间袍服传统工艺研究［D］. 无锡：江南大学，2012年7月.

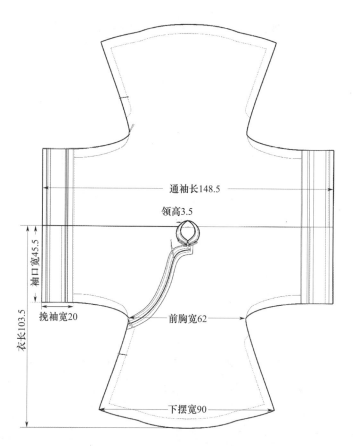

图2-1　近代中原袄形制结构与测量尺寸（单位：cm）

长为103.5cm，通袖长148.5cm，前胸宽62cm，下摆宽90cm，领高3.5cm，袖口宽45.5cm，挽袖宽20cm，门襟及挽袖镶机制花边。服装强调纵向的延伸感，常在领围、胸肩部、袖口饰以镶边、贴边等线性装饰，其纵向的装饰手法使着装对象显得修长，款式为平衡宽大的服装造型。

　　近代中原男士下装形制比较单一，以裤、套裤、绑腿为主，妇女下装主要由裙和裤构成，形制丰富，如表2-2所示。

　　裙主要包含马面裙（图2-2）、凤尾裙（图2-3）、百褶裙、鱼鳞裙，为妇女较为正式的下装形式。中原男、女日常下身着装裤较多，大腰裤、大裆裤或套裤，裆深47~54cm，脚口宽20~35cm，因腰部肥大，男子穿着时多束大腰带，女子系布带。各类下装仍呈现平面造型，以裙装为例，平铺呈现"围式"结构，如图2-4所示。近代中原鱼鳞百褶裙，裙长92cm，腰围68cm，腰头高15cm，展开为长方形或梯形，与我国传统服饰平面造型理念一脉相承，不追求对人体曲线的塑造，体现了东方人整体性及内省的思想意识。

表2-2 近代中原民间服饰下装形制概况

种类	名称	数量（件）	形制	长度（cm）	腰围（cm）	腰头（cm）
裙	马面裙	47	在传统"围裙"形制基础上，加上裙门、褶裥、襕干等装饰，裙身两侧是褶裥，中间有一部分是光面，俗称"马面"，常饰以刺绣或镶、绲、拼贴花边	88~96	43~68	11~16
	凤尾裙	27	因造型与凤尾相似而得名，成条状狭长型，下端饰有云纹、如意纹等吉祥纹样，有些尾端饰有流苏、铃铛等，见于礼仪和婚嫁场合穿着	82~92	43~51	10~17
	百褶裙	11	百褶裙或鱼鳞百褶裙保留了马面裙的基本形制，在"马面"两侧缀以丰富细密且整齐的褶裥	90~95	56~64	12~15
裤	大裆裤	18	宽裆，镶腰，腰部肥大，穿着时需将腰部多出来的部分向中间折，用布带子束紧，脚口镶边装饰	92~113	47.5~60	18~20

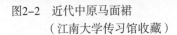

图2-2 近代中原马面裙
（江南大学传习馆收藏）

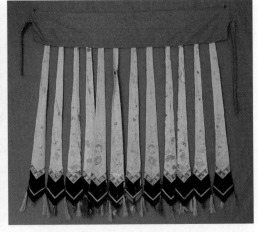

图2-3 近代中原花卉凤尾裙
（江南大学传习馆收藏）

通过服饰传世品实物数量和种类的分析，不难发现，清末至民国初期，中原民间服饰虽受到西方服饰形制与裁剪观念的影响产生了一定的变化，但汉族服饰仍延续旧制，服装结构多以平面为主，穿衣观念讲究"人适应衣，衣不用因为人体的起伏而变化"，崇尚自然、舒适、和谐，注重细节设计和装饰工艺的运用，整体风格柔和、婉约。

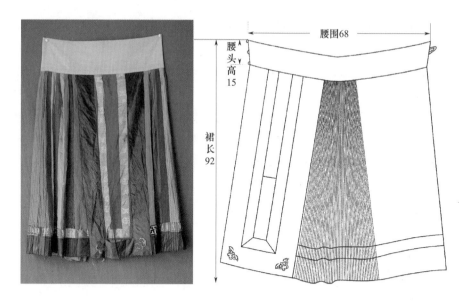

图2-4　近代中原百褶裙及结构测量图（单位：cm）（江南大学传习馆收藏）

第二节　中原汉族民间特殊服制现象——左衽

门襟是指为了方便服装穿着，衣服上的一种开口方式，一般从领圈处开后顺延至下摆，由于所占位置、比例在整件服装中比较鲜明，通常是传统服装造型的重点❶，如图2-5（a）所示。近代中原民间服饰门襟造型多样，对襟或偏襟，直角或圆角、单边镶绲或多层镶绲，并与不同的领型、纹样、胸肩部装饰结构结合呈现丰富的艺术表现。

我国古代中原汉民族服装上衣下裳是基本样式，衣襟不分男、女都是左襟压右襟，称为"右衽"〔图2-5（b）〕，相反，"左衽"是指衣缘右襟压左襟〔图2-5（c）〕。关于传统服装中的左衽形式，目前学术界大致有以下三种观点：其一，西北等少数民族服制形制。由于华夷间的民族矛盾和文化差异，"左衽人"常常受中原人歧视，甚至把左衽与右衽视为野蛮与文明的分水岭。《论语·宪问》："子曰'微管仲，吾其披发左衽矣'。"叙述了孔子一次与弟子的谈话，议论齐国大夫管仲是否"仁"的问题。孔子认为，如果没有管仲辅佐齐桓

❶ 魏娜. 中国传统服装襟边缘饰研究〔D〕. 苏州：苏州大学，2014年9月.

公富国强兵，尊周攘夷，中国都成狄夷，我们只能披发左衽了❶。其二，生者与逝者着装差异的象征。《礼记·丧服大记》记载："小殓大殓，祭服不到，皆左衽，结绞不纽。"即生者用右手解抽衣带，死者入殓衣服用"左衽"，衣结用死结。通过中原地区地方史志丧葬服饰考证，亡人着左衽服装这一观点得到肯定。其三，左、右与尊卑观念在服饰形制上的映射。左、右本用以区别方位，但在我国古代社会礼仪文化逐渐完善的作用下，形成了尚左或尚右的观念，成为反映社会地位与等级的一种方式❷。有学者认为古代犯人被流放或驱逐，以左衽服装加以区别，且在流放地子女、亲属及后代必须穿着左衽服装以示族群尊卑。

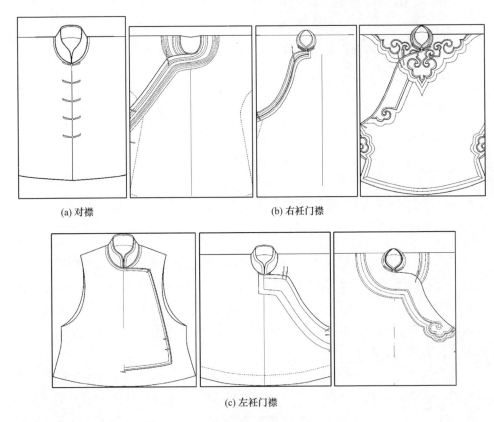

(a) 对襟　　　　　　　　　(b) 右衽门襟

(c) 左衽门襟

图2-5　近代中原民间服饰门襟造型示意图

通过对近代中原民间服饰实物分析（表2-1），发现中原地区袄、衫、马甲等服装形制中，左衽门襟形式服装所占比例较大，保存完好，部分实物做工精

---

❶　诸葛铠. "男左女右"与左衽、右衽［J］. 装饰，1998，21（03）：57.

❷　王统斌. 历代汉族左衽服装流变探究极其启示［D］. 无锡：江南大学，2011年7月.

细，有穿用的痕迹，为民众在世时穿着的服装。另外，如图2-6所示，20世纪40年代河南大饥荒传世照片中儿童、妇女均着左衽服装。由此证实，近代中原地区左衽服装穿着普遍，并非只为已故者制作。

(a)　　　　　　　　　　　　　　　(b)

图2-6　着左衽服装的河南灾民

究其缘由，首先，中原地区汉族左衽服装在一定的历史时期与地域盛行和汉文化同少数民族文化交融密不可分。《后汉书·西羌传》记载："羌胡披发左衽，而与汉人杂处。"❶《尚书·华命》载："四夷左衽"。自魏晋南北朝以来，中原汉族广泛吸收了少数民族文化，著名的"赵武灵王胡服骑射"是我国服饰史上一次伟大的变革，汉民族服装形制也在相当程度上胡化。《后汉书·五行志一》记载："灵帝，好胡服、胡帐……胡笛、胡舞，京都贵族皆竞为之。"北朝时期，以胡服定为常服，时至北齐，左衽服装则成为较为普遍装束，为汉人所好，甚至用于礼见朝会。沈括在《梦溪笔谈》中提到："中国衣冠，自北齐来，乃全用胡服。"

其次，实用性是中原地区左衽服装常见的又一缘由。墨家思想意识形态中"衣必常暖，然后求丽"，主张节俭、朴素，实用成为人们衣食生活的准则❷。这种意识形态伴随着几千年的历史积淀成为了主流思想文化之一，也是民间服饰制作节省材料的重要因.素。学者在对河南巩义地区田野考察发现，左衽服装形制在该地区较为普遍，多见于妇女服饰，但当地村民对"生向右，死向左"的汉

❶　梁惠娥，王统彬. 中原地区汉族服装左衽形制探究［J］. 新闻爱好者，2011，25（11）：113-114.

❷　梁曾华. 衣冠以言志——服饰精神内涵及其文化价值［J］. 西北美术，2006，24（3）：46-47.

族服饰习俗并不知晓，汉族百姓之所以穿着左衽服装唯一的原因就是方便日常生活❶、❷。在我国民间服饰习俗中，确有"男右女左"的习惯，与妇女的社会分工及生理心理特点有关，田间劳动时，如果衣服系扣在右腋下会阻碍右臂的活动；妇女在哺乳的同时，一般仍要参加一定的生产劳作，多数人偏向右手劳作，左手抱孩子哺乳，左衽服装方便了右手解衣。

另外，中原民间服饰、古代陶俑、壁画中都有大量左衽与右衽并存的现象，在中原这片承载着厚重历史与文明的土地上，族群的迁徙与文化的传播交融影响下形成了复杂多样的服制形制，体现了中原文化巨大的多元性与包容性。

第三节　中原汉族民间典型礼仪服装形制

中原地区自古有"士向诗书，民习礼仪"的传统。相对日常着装，百姓更加珍视礼仪服饰，其款式及相关习俗也较为稳定，象征意义远大于实用意义。对人生具有重要意义的诞生、婚礼、丧葬等相关礼仪服饰记录与实物资源最为完备，而且能凸显地域特色。

一、诞生礼仪服装

生育、子嗣繁衍是民间社会生活中的头等大事，因社会医疗条件较差，儿童成活率不高，所以民间百姓对为婴儿举行各种形式诞生礼仪格外重视。诞生礼是人生的开端，关系到孩子一生的富贵荣辱，多为婴儿祈求一生的平安、富贵、趋吉避祸，而服饰则成为人们寄托情感与祝愿的主要载体。

（一）横量衫

横量衫，又叫脱毛衫、和尚服。中原地区婴儿出生后，先用家长的旧衣或红布包裹，"洗三"后穿上由奶奶或姥姥做的横量衫。《开封市志》❸记载：洗三，即婴儿出生第三天或满月时，用艾水为新生儿洗身，被称为人生的第一次"洗礼"。民间普遍沿袭"三日洗儿"。横量衫多用一块横幅的红布做成，形如

❶ 王统斌. 历代汉族左衽服装流变探究极其启示［D］. 无锡：江南大学，2011年7月.

❷ 许总祺. 关于"左衽"的辨析［N］. 苏州丝绸工学院学报，1992-12-12：111-112.

❸ 开封市地方史志编纂委员会. 开封市志·第三十六卷·民俗［M］. 北京：北京燕山出版社，1999年10月：322-323，339-341.

成人衫。横幅和红布都是为了辟邪，做此衫不可用剪刀，因剪刀有"风"，婴儿和产妇虚弱不宜着风，故不能用。需要按做衣的样式用手撕好，再用针线缝制，和尚领，不缀扣子，以布绳带系。横量衫一般用棉布制作，有钱人家也用丝绸并饰以刺绣纹样，如图2-7所示，河南省博物院藏黛粉色和尚领儿童横量衫，通体

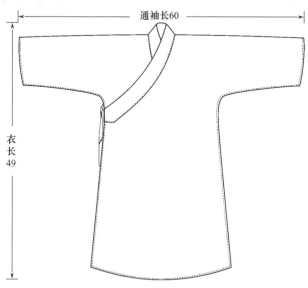

图2-7　近代中原儿童横量衫及结构图（河南省博物院藏）

绣蝴蝶与花卉纹样，清新雅致。横量衫大体上有两方面寓意：婴儿穿着和尚服就是求佛祖庇佑，任何邪气都不得近身，并以布带拴住性命，求其健康成长。另外，缀扣子容易磨损婴儿的皮肤，以布绳代替具有实用性。

（二）肚兜

肚兜在中原地区也叫兜肚、兜兜、妈肚，多为红布裁制，不仅为儿童穿用，也有成人肚兜。先剪一菱形布片，长对角如身长，上角剪成微凹状，为颈围，左右角各缝缀一布带儿，系于后颈。做女孩肚兜时长对角的下角保持尖角不动（图2-8），做男孩肚兜时把尖角剪成圆弧状（图2-9）。宽对角如肚子半围，两角缀布带儿，系于背后，前面正好遮护住腹部。男孩肚兜为圆角为方便男孩小便，女孩肚兜为尖角有遮羞之意。

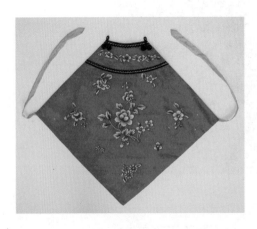 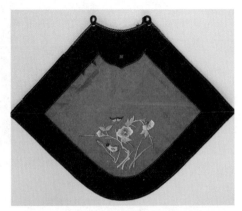

图2-8　尖角肚兜（江南大学传习馆藏）　　　图2-9　圆角肚兜（江南大学传习馆藏）

婴儿在母体中以脐带与母体相连，吸收营养，剪断的脐带是最容易感染细菌和受损的地方，保护婴儿肚脐是保护婴儿的关键。肚兜有单、夹和棉几种，可分为贴身肚兜与外衣肚兜。根据时令与天气变化，肚兜可昼夜穿着，白天为衣，晚上护肚，炎炎夏日，一件肚兜便是婴儿全天的衣服。外衣肚兜也有人称为"饭衣"，多宽大，无尖角，可以饰边，也可绣牡丹、大葱、莲蓬、菱角等纹样，以求孩子聪明伶俐，日后取得功名、富贵。在豫西伏牛山区，每逢端午节，老人要给自己的孙子或外孙缝制"五毒兜肚"或"五毒马甲"，绣蝎子、蜈蚣、蛤蟆、蛇和壁虎五种毒虫的形象，含有祛"五毒"、保平安的寓意，如图2-10所示。近代中原儿童饭衣，领围处绣长命锁纹样，衣身绣"凤戏牡丹"，做工精美，寓意长命百岁、富贵平安。

图2-10 近代中原儿童饭衣（中原工学院服饰文化与设计中心藏）

（三）百家衣

民间儿童的衣着形式往往带有浓厚的信仰色彩，且大都伴有浪漫、美好的传说故事，以寓祝福，如儿童百家衣。中原民间流行在新生婴儿"百岁"（百天）这天举行穿衣礼，要穿众人合做的"百家衣"，抱着孩子迈"百家"门槛，期盼婴儿祛病免灾、长命百岁。百家衣形如僧衲或马甲、背心（图2-11），是指家里添丁，家长向村里乡邻百户人家无偿寻求各种花色零碎布头（若得到为老年人做寿衣剩下的边角布料最好），以应"百""岁（碎）"之意，认为婴儿在众家百姓、特别是长寿老人的赠予祝福下，可以健康成长。"百家衣"布块虽然不太讲究花色、大小，但是有紫色、蓝色最好。这是因为"紫"谐音为"子"，"蓝"谐音"拦"。蓝色搭配紫色，谐音"拦子"，鬼怪妖魔便伤害不到孩子❶。

另外，洛阳老城的孩子旧时穿"狮子裤"，分红、黄两色，裤子缝有许多寸长小穗，讲究的家庭则在小穗上级上小铃铛。比较娇宠的男孩穿一套红装，衣、帽、鞋、袜、腰带都是红色，就连棉夹衣里也不例外，20世纪80年代洛阳地区仍

---

❶ 邢乐. 我国传统百衲织物的流变其在现代女装中的应用［D］. 无锡：江南大学，2012年7月.

图2-11　近代中原儿童百家衣（江南大学传习馆藏）

有此俗❶。同样，在偃师、新安等地❷，娇生的男孩从周岁起"穿十二红"，即穿红衣、红裤、红鞋、红袜和戴红帽，一直到十二岁，脖子上还要围用红布缠绕做成的红项圈，项圈上的红布，每逢周岁加一层。"穿十二红"一般是女孩子多男孩子少的人家或老年生子者娇养孩子的穿着，认为穿上"十二红"便有火神保佑，能防魔辟邪，健康成长。

二、婚嫁礼仪服装

自古婚礼都是百姓生活中一项重要的社会活动。古人认为婚媾能合两姓之好，是人伦之始，上可事宗庙，下可继后世，从而形成了一套繁杂的礼仪制度❸。民间虽没有王公贵族盛大显赫，但娶媳妇、嫁女儿也要模仿公主格格的架势，倾其财力以尽可能上等的规格操办。中原地区民间婚礼程序和习俗比较复杂，主要包括：说媒、合八字、相亲、定亲、换帖、送好、过彩礼、迎亲、拜天地、饮交杯酒、听房、回门等二十多项。婚嫁是古代妇女转变社会角色、改变命运的一个契机，婚礼服饰自然成为民间女性一生中最为华丽的装扮。

❶　洛阳地方史志编纂委员. 洛阳市志·第十七卷·人民生活志［M］. 郑州：中州古籍出版社，1999年12月：15–16，179.

❷　偃师县志编纂委员会编. 偃师县志·卷三十二·风俗民惯［M］. 上海：生活·读书·新知三联书店，1990年11月：827–829.

❸　亓延. 近代山东服饰研究［D］. 无锡：江南大学，2012–6.

清朝末年，中原各地的婚嫁习俗仍大都沿袭传统的婚姻观念和习俗，大兴厚嫁之风，小康之家娶媳妇多数会导致家道中落，其中服饰品占了大量的比重。《开封地方志》[1]记载："婚嫁吉日既定，男女双方便各自加紧进行嫁娶所需的各项筹备。新妇系'大家闺秀'或'小家碧玉'中的女红巧手，将亲自缝制嫁衣、绣鞋、披风、彩裙，以及为公婆做的扇寿、钱袋、烟荷包、眼镜盒、耳暖等，以示聪慧灵巧。为新郎赶制四季单棉绸缎新衣、八铺八盖，还要做一堆各二尺长，两头五寸见方的绣花枕头，谓之'鸳鸯枕'。"随着近代外来文化不断进入内地，特别是"五四运动"之后，我国开始兴起"文明新婚"，即"新式婚礼"。传统繁复的婚礼服饰得以简化和变革，出现了中西杂糅的特点。因此，近代中原婚礼服饰主要呈现两种形式：传统婚礼服饰与中西合璧式婚礼服饰。

（一）传统婚嫁礼仪服饰

中原地区地方史志文献记载[2,3]："新娘上轿时不论春夏秋冬，须头戴凤冠，身穿新郎送来的大红吉服，又称'催妆衣'，为絮有棉花的大红色棉袄，结婚之日必须穿红棉袄，寓意婆家生活厚实富裕。"学者按照1933年民国政府所划分的河南行政督察区域，对河南婚嫁行为变量相关数据进行考察，如表2-3所示。

表2-3　河南省各区1936年间婚嫁行为逐月分布（%）

月份 地区	1月	2月	3月	4月	5月	6月	7月	8月	9月	10月	11月	12月
郑县	5.6	9.8	4.3	14.7	6.2	4.5	3.3	4.8	7.0	10.0	11.2	8.7
商丘	9.9	6.4	5.7	7.2	5.3	11.5	6.5	8.7	7.5	11.4	11.1	8.8
安阳	17.1	9.6	8.8	6.3	6.2	5.7	4.5	5.1	5.3	8.3	9.7	13.6
新乡	17.1	8.0	5.4	6.8	4.7	2.6	2.5	3.5	9.4	9.6	12.7	17.5
许昌	15.7	11.9	8.0	7.2	6.7	4.5	2.1	5.1	7.4	8.7	10.3	12.5
南阳	14.6	9.3	8.3	6.9	6.2	5.9	6.3	6.4	7.6	9.4	10.5	8.5
淮阳	24.1	8.5	6.6	7.5	5.8	4.4	4.9	4.9	5.4	7.8	10.9	9.2

❶ 开封市地方史志编纂委员会. 开封市志·第三十六卷·民俗 [M]. 北京：北京燕山出版社，1999年10月：322-323，339-341.

❷ 郑州地方史志编纂委员会. 郑州市志文物·风景名胜·社会生活卷 [M]. 郑州：中州古籍出版社，2000年6月：522，541-542.

❸ 开封市地方史志编纂委员会. 开封市志·第三十六卷·民俗 [M]. 北京：北京燕山出版社，1999年10月：322-323，339-341.

续表

月份 地区	1月	2月	3月	4月	5月	6月	7月	8月	9月	10月	11月	12月
汝南	12.5	5.7	4.7	5.0	6.0	4.9	5.1	5.8	6.3	13.8	16.1	14.1
潢川	22.9	8.3	10.2	5.6	7.3	6.1	4.4	6.4	4.7	7.8	7.2	9.1
洛阳	14.0	8.3	6.2	6.3	5.4	2.7	2.6	4.2	8.0	9.5	13.6	19.2
陕县	8.7	7.2	5.3	6.8	5.5	3.3	4.1	7.9	7.1	8.8	16.2	19.2
全省	15.6	8.5	6.5	6.7	5.9	4.8	4.1	5.4	7.3	9.8	12.1	13.1

注 根据《河南统计月报》1937年第7期"河南省各县户口动态统计表"中婚嫁行为统计项目整理。

由表2-3可知,河南全省范围内冬季三个月(11月、12月、1月)的婚嫁行为逐月分布百分比相加,占全年的41%,而夏季三个月(6月、7月、8月)婚嫁行为最少,只占全年的14.3%[1]。婚礼活动不仅受农忙农闲的影响,结婚需要的服装种类和数量最多,传统春节是民间百姓一年中物质最丰富的节庆,春节期间结婚,是最恰当的吉期。

除大红吉服为新娘必备礼服外,洛阳等地地方文献资料记载:"旧时婚服,女方开容梳髻,红巾蒙面,吉服外罩霞帔,洛宁、伊川等地多是云肩(图2-12)。云肩有整片、4片、7片、16片之分,也有直接与吉服大身相连(图2-13),上绣'和合'二仙、八仙、暗八仙或牡丹、石榴等吉祥纹样,或绣'状元拜塔''姑嫂烧香''三娘教子'等故事图案,表达了敬老、求子、教子的传统观念。这些云肩多色彩丰富、刺绣精美、工艺精湛。新娘脚穿大红绣花鞋,细布鞋面缀红绿缨穗,腰挂铜镜,可辟邪又有'心明如镜'之说,在裤外穿一条大红裙,裙子前幅彩绣牡丹或'喜上眉梢'等纹样,裙外束有凤尾裙,裙底缀有红、黄、绿缨彩穗。新郎长袍马褂,头戴礼帽,斜挂佩红,佩红为红绸子,胸前结如意花。"这种婚礼服着装形式在《民国画报》等多处历史文献资料中得以印证,如图2-14所示。民国画报"假毛跟拜堂"中写道"前十日东门某街某板铺用满清衣服拜堂。新郎之发又早已剪除,仍缝一假毛……"画面描绘民国已经剪辫男子,仍带上假发、顶子、长袍,与戴凤冠、着云肩、百褶裙的新娘拜堂的场景,画面与文字具有讽刺意味,但反映了清末云肩作为女性传统婚礼服规制具有代表性。如图2-15所示。《河南省地方志·社会生活卷》记载了近代中原民间拜堂场景,新娘披盖头、着云肩、吉服、马面裙,新郎则身着长袍马褂、头戴礼帽,红绸披于肩上系之胸前腹后。

[1] 郑发展. 近代河南人口问题研究(1912-1953)[D]. 上海:复旦大学,2010年12月.

图2-12 近代中原新娘传统
婚礼服饰装扮

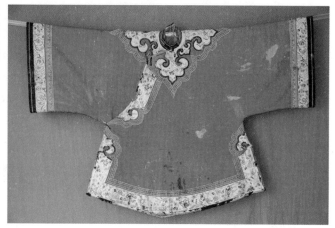

图2-13 近代中原婚嫁吉服（江南大学传习馆藏）

图2-14 民国画报"假毛跟拜堂"❶

图2-15 近代中原民间拜堂场景❷

❶ 姜亚沙，经莉，等. 中国文献珍本丛书——民国画报汇编——综合卷（全十八册）
［M］. 北京：全国图书馆文献缩微复制中心，新华书店北京发行所，2007年6月.

❷ 河南省地方史志编纂委员会. 河南省地方志·社会生活卷［M］. 郑州：河南人民出版
社，1995年4月：540.

（二）中西合璧婚嫁礼仪服饰

民国中后期，中原地区婚礼服饰已有不少变化，城乡差别较大。城市青年男女逐步采用文明新婚，婚礼服饰呈现出删繁就简、亦中亦西的趋势。首先，将西式服装元素融入传统婚礼服中。新娘礼服主要表现为将中式传统礼服简化，新娘结婚当天着"上袄下裙"形式的传统礼服，如图2-16所示，当时任河南都督兼巡按使的田文烈先生结婚照：新郎戴礼帽，穿燕尾服，打领结，胸前插一红花，脚穿黑皮鞋；其妻穿着带有清末流行的高高元宝领的大襟棉袄，头顶红盖头换成了西式及地长纱，手捧鲜花，一副文明派头。随着旗袍成为民国时期流行的服装样式，有些新娘穿红色或浅红细布织花旗袍，双手缩于"暖袖"中，头顶大红绸结，身披大红或粉红披风，脚着尖口布底彩穗绣花鞋。其次，民国末期中原地区婚礼服饰得到进一步发展，西式婚礼服与婚礼习俗成为一种时尚的象征，知识分子、先进青年崇尚自由恋爱，反对包办婚姻，结婚前去婚纱店穿上西式礼服拍婚纱照、举办西式婚礼等形式，有登报结婚、结婚告示、聘请证婚人等。如图2-17所示，新娘一身都是西式婚礼服打扮，头披白纱，身着白色连衣裙，手捧鲜花，

图2-16　河南都督兼巡按使田文烈先生婚纱照❶　　图2-17　民国许昌知识分子婚纱照
　　　　　　　　　　　　　　　　　　　　　　　　　　　　（笔者收藏）

---

❶　河南都督兼巡按使田文烈先生哲嗣章燕君及万作孚女士结婚摄影［N］. 妇女时报，1914（15）：1.

新郎穿着白色中山装、黑皮鞋，胸前插礼花。由此可见，近代西式思想观念以及生活方式逐步改变了中原民众的婚姻及社会生活。

三、丧葬礼仪服装

丧葬服饰主要包括"丧服"和"葬服"。丧礼也叫凶礼，我国古代丧礼主要包括丧、葬、祭三部分。"丧"是规定死者亲属在丧期内的行为规范，"葬"是约定俗成的亡者应享的待遇，"祭"是规定丧期内活人与亡者之间关联的中介仪式❶。因此，丧葬服饰主要指死者亲属丧期内的服饰和亡者的服饰。中原地区办理丧事与办理婚姻喜事并称为"红""白"大事，普遍重殓厚葬，素有"穷家埋人，富家埋银"之说❷。近代以来，婚礼服饰以及习俗逐步西化，但丧葬礼仪及服饰形制仍多沿袭传统观念，因为几乎没有人可以经得住亲朋、邻里对丧葬习俗变革而引起的关于"伦理孝道"的批判。

（一）丧服

中原地区丧服，沿袭传统的"五服"制，即斩衰（cuī）、齐衰、大功、小功、缌麻五种服装形式。斩衰为五服中最重者，用极粗的生麻布缝制，侧缝和底边都不缝边；齐衰次于斩衰，用较粗的生麻布缝制，侧缝和底边缝边；大功、小功、缌麻分别以粗熟布、稍粗和稍熟细布缝制。中原民间对亡人不同身份的亲眷服丧期及丧期行为有约定俗成的规则：父母之丧，守制三年，不饮酒，不茹荤，寝苫处块，三年以内，不举行婚娶喜庆等事。女子未出嫁者，随兄弟守制之礼，素服三年，已出嫁者素服一年，其他特殊情形，有外甥与外祖父、舅父守制者，有子婿与岳父守制者，均大功服，五月而止❸。祭奠期间，同族五服以内的晚辈要穿着孝服，长子服重孝。男子孝服类似长袍，女子着衫及膝；一般遵循与亡人关系越亲近，丧服用料越粗略，领口越大；反之，则孝服用料比较细密，制作也越规矩；在孝服缝合处与底边边缘，子、女、儿媳为毛边，不需缝合，女婿孝服则多为对襟，又称为"孝褂"，缝合处也为毛边，其他皆为光边。

孝子的鞋子一般为黑色，要用白布幔盖，俗称"幔鞋""褙鞋"。亡人儿女为"服重孝者"，要用毛边粗白布将鞋面全部遮严；侄儿侄女等旁系亲属只缝盖

❶ 河南省地方史志编纂委员会. 河南省志·民俗卷［M］. 郑州：河南人民出版社，1995年4月：51-52，66-67.

❷ 郑州地方史志编纂委员会. 郑州市志文物·风景名胜·社会生活卷［M］. 郑州：中州古籍出版社，2000年6月：522，541-542.

❸ 各地婚丧礼俗及改良意见. 河南省各县婚丧礼服调查［J］. 新运导报，1937（3）：73-81.

鞋的前半部；孙子孙女只遮盖鞋前面一三角形。为区分服孝之人的辈分，在孝布上附有色布片：子白、孙红、重孙黄、玄孙绿，未婚儿媳挂红❶。服孝者若父母均已过世，子、女、儿媳为鞋头到鞋帮均以留有毛边的白布覆盖，若尚有一方父母健在，则鞋后跟处留黑一寸左右，其他亲眷鞋跟留黑的长度同样根据亲疏关系而定，疏者长，亲着短。

中原各地丧服的首服形制与材质差异较大，例如：洛阳地区男女孝眷头上勒白布条，名曰"孝带"，布条长度与色彩区别亲疏关系与辈分差异，子孙辈皆为白色，曾孙辈则用黄色棉布或者白孝带末梢蘸红；开封等地孝帽多为竹篾制成，在竹篾筐架上糊上纸，亲生子糊红纸，其他男眷为白色，曾孙则另加一朵黄花在白孝帽上❷。新中国成立后，中原各地丧服规制大规模简化，城市表现尤为明显，有些地区亡人亲眷以黑色袖章标识哀思，农村地区传统丧服制度与习俗保存相对完整。河南漯河地区丧葬服饰田野考察中发现，丧服形制变化不大，但孝女、儿媳服重孝，孝子可不穿孝服，孝帽成为区别亲疏、辈分关系的重要标志。男子孝帽基本形制，主要由两片白棉或麻布构成：一片长为56～60cm，宽度绕头围一圈的长方形，将其四等分折叠如图2-18所示，缝头叠压，由上至下缝约15cm，再将左右两切角缝合，翻到正面为底部呈尖角的筒状，上口方不缝合，留下毛边，套在头上；另一片，为长约100cm，宽度为12～18cm的白布条，将其两折或三折系于筒状孝帽外，起到固定的作用。男子孝帽穿戴形态如图2-19所示，孝子将系扣的结节系于正中［图2-19（a）］，子侄、外甥、女婿等男眷结节系于侧面［图2-19（b）］，孙子、外孙、孙女婿等下一辈男眷将结节系于脑后

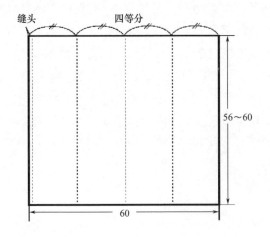

❶❷　开封市地方史志编纂委员会. 开封市志·第三十六卷·民俗［M］. 北京：北京燕山出版社，1999年10月：322-323，339-341.

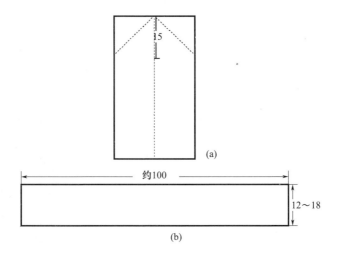

图2-18 河南漯河地区孝帽结构图

［图2-19（c）］。女孝眷头上系孝带，如图2-20所示，一条由前额披挂至脑后，另外一条系在第一条外同样披在脑后，长度由亲疏关系而定，儿媳等非血亲女眷，孝带不打结［图2-20（b）］，女儿、孙女等血亲女眷则需打结。另外，新婚三年以内子女亲眷需着蓝色丧服［图2-20（c）］，忌红白喜事相冲，避免对新人不吉利。

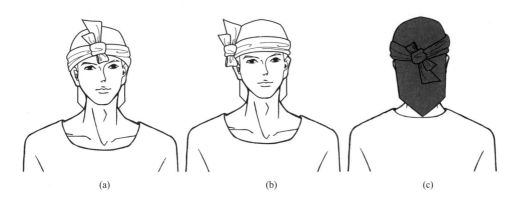

图2-19 河南漯河男子孝帽着装图

近代中原地区汉族丧服制度的一般规定，即通过服装的不同形制、色彩与工艺表现与亡人的亲疏关系、不同程度的哀痛之情以及亲眷身份特质的认定。由此可知，民间礼仪活动是服饰文化传播的重要渠道，人际社会关系的确立是服饰传播的本质。

（二）葬服

葬服，也叫寿服、寿衣，是死者所穿的服饰。人死了，忌说死字，因此亡

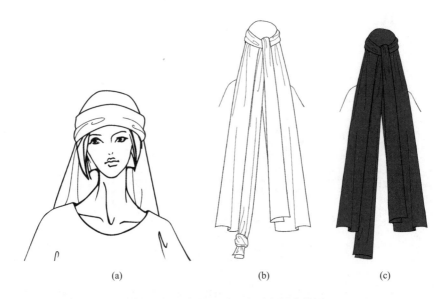

(a)   (b)   (c)

图2-20　河南漯河地区女子孝帽着装图

人穿的衣服又称"寿衣"，或称"送老衣裳"。近代中原葬服多遵从旧制，1937
年《新运导报》"河南省各县婚丧礼服调查"❶载："棺椁衣衾以贫富为差，将
死即着衣，衣用礼服，数用九七五。"中原民间习俗老人死后，家人要立即浴尸
更衣，以防身体僵硬后不好穿戴。寿衣的件数随顺财力而定，中原大多数地区规
制：上衣必须是左衽式，且衣裙不能缝缀扣子。洛阳、开封等地习俗规制：夫妇
双方先亡者穿单数，一般为五大件（件数按上衣数），后故者穿双数。旧俗，不
论严寒酷暑，死者男穿长袍短褂，头戴圆顶小帽，脚穿靴；女罩袄束裙，头戴簪
珥。男子寿衣中必须有袍和褂，女子要有衣和裙。男性亡人贴身穿白衫白裤，依
次为蓝棉袄棉裤、棕色袍子、外套对襟长袖大褂；女性亡人一般穿白衫、红袍、
粉红衫或黄衫、红小袄、蓝小袄、棕色长衣，下身穿白单裤、蓝棉裤、蓝裙或黄
裙，裙上绣龙凤，束于棉裤外，衣服宽大，两襟相掩即可。

地方志记载，中原地区寿衣使用的材料忌讳用缎子，因缎子与"断子"同
音，也不能用皮衣，以免来世化为畜兽，最好要用丝绸❷。贴身内衣要用棉绸，
又称为"包骨衫"，因棉绸耐腐蚀性强，可保持尸骨不零散。男性亡人戴清帽或

❶　国民政府令（1929年4月16日）．兹制定服制条例公布此令，河南省政府公报［N］．
1929（644）：3-6．文献来源：晚清与民国期刊全文数据库，全国报刊索引．
❷　洛阳地方史志编纂委员．洛阳市志·第十七卷·人民生活志［M］．郑州：中州古籍出版
社，1999年12月：15-16，179．

帽衬，女性亡人用黑纱包头。寿枕上要绣有莲花，寓意后代连生贵子，有些地方采用内装谷糠的红色三角袋作为亡人枕头，因其形似雄鸡，俗称"叫鸣鸡"，祈求吉祥康宁，名声高扬。男女均穿尖口软底鞋，如图2-21所示，亡人鞋面上要扎花或贴花，鞋底绣莲花纹样。

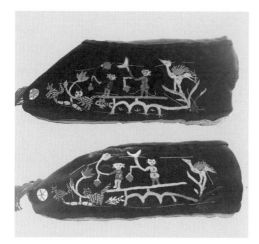

图2-21　寿鞋鞋面及鞋底（江南大学汉族民间服饰传习馆藏）

在封建社会民间百姓不仅相信人死后的丧葬仪式会影响亡人在阴间的地位，还会影响后代的兴衰。近代中原民间丧葬习俗普遍遵循"丧服，以示亲疏；葬服，以佑后代"的观念，且厚葬之风仍占主导地位，重生亦重死，丧葬服饰其一满足亡人在阴间的生活需求，其二满足生者的精神需求。生者为亡人大操大办，为了报答亡灵特别是亡父亡母养育之恩，且厚葬是孝义的表现；另外，厚葬同样是为了祈求亡人的保佑和庇护，使得家族兴旺发达，反映了中原地区原始的祖先崇拜、生命崇拜的民间信仰。

近代中原人生礼仪服饰与相关习俗保存完好，形式稳定：儿童诞生服饰多以表达生命的延续、趋吉避祸的诉求；中原广大农村婚嫁时间多选在物质丰富的春节前后，用品种类繁多，婚礼服饰是民间服饰的一大品类；政要商贾与部分城镇地区婚礼服饰逐渐西化，呈现中西合璧的状态；丧葬服饰制度秉承传统模式，中原百姓重伦理孝道，遵循灵魂不灭的观念，厚葬之风盛行。至今，中原礼仪服饰形制以及习俗仍得以沿用，在民间服饰中占有重要的地位。

第三章　近代中原地区汉族民间服装配饰

近代汉族中原民间服装配饰品类繁多，融实用性与审美性为一体，起到完整服饰形象的作用。近代中原汉族民间服装配饰，按照其佩戴和修饰的部位可分为以帽、眉勒、暖耳等在内的首服、以荷包为主的腰饰，及妇女绣鞋、袜等在内的足衣。

第一节　首服

自周朝确立完整的冠服制度一直贯穿我国封建社会发展的几千年历史，首服是识别身份与社会品级地位的标志，具有重要的符号表征意义。各类首服佩戴者、佩戴场合、佩戴礼仪均有严格的规制，用以区分帝王与诸侯、将军与兵士、文臣与武将、社会诸流的高低贵贱。到了清朝末年，传统"衣冠之制"逐渐瓦解，以首服表征"尊卑等差"的观念随之淡化。据地方史志等文献资料记载及传世服饰品实物分析，对近代中原汉族首服进行分类，如表3-1所示。

表3-1　近代中原汉族首服种类表

季节＼着装	男子	妇女	儿童
秋冬	礼帽、瓜皮帽、毡帽、皮帽、暖耳	头巾、脑包、眉勒、老人帽、暖耳	大尾巴风帽、狗头帽、虎头帽
春夏	瓜皮帽、圆顶帽、草帽、头巾、凉帽	头巾	呼吸帽、凉帽、虎头帽

一、男子首服

中原男子帽式造型简洁，品类较程式化。1912年中华民国国民政府颁布的《服饰条例》将西式礼帽定为男士官方礼服，冬季为凹顶软胎，由丝毛制成，夏季为平顶硬胎，由草编制而成❶。一般市民，冬季戴毡帽，用毡做成，顶呈圆锥形或略作平形，四角有檐向上反折，前檐作遮阳式。富裕人家男子所戴毡帽，讲究装饰，如用金线在帽上缀"四合如意""蟠龙"等图案，有的还在衬里加以毛皮。一些小工业者冬季喜欢戴用黑色棉线、绒线或毛线编织成的长筒锥形帽，其帽筒长可拉至脖下，帽筒上有一孔，风雪天戴上，可凭孔观看。平常戴时将帽筒翻折于额上，不戴时，用手抓成一团塞入衣兜。中原地区俗称"一把抓帽""抹虎帽"。农民冬季扎头巾，夏日多不戴帽，只在外出劳作时戴草帽、竖帽以遮阳或避雨。草帽、竖帽的帽檐比帽芯大数围或数十围，顶成圆形，用麦草或竹藤做成，用高粱莛或芭茅莛做成，帽顶多是尖形，内设帽圈，并缀有两条带子，戴帽时，可系于下巴颏处，方城地区人称其为"凉帽"，周口以南人称"篓角"或"帽蓬"。民间在喜庆、宴客或外出时多戴"瓜皮帽"，俗称"瓜瓢帽""帽撑""帽衬儿""帽垫"等，其形作瓜棱形圆顶或平顶，顶上结子小如豆大，帽用蓝、黑等色，戴时将帽子前倾而半覆于额前❷。男子帽式选择多与着装搭配，如图3-1所示，民国河南偃师地区老照片，男子着西式大衣配礼帽，着中式长袍马褂配皮帽、毡帽或瓜皮帽，着制服多搭配皮帽或大盖帽、大檐帽。

图3-1　河南偃师地区着不同帽饰的男子❸

---

❶　国民政府令（中华民国十八年四月十六日）. 兹制定服制条例公布此令，河南省政府公报［N］. 1929（644）：3-6. 文献来源：晚清与民国期刊全文数据库，全国报刊索引.

❷　河南省地方史志编纂委员会. 河南省志·民俗卷［M］. 郑州：河南人民出版社，1995年4月：51-52，66-67.

❸　民国二十年一月四日盟于河南偃师关帝庙摄影纪念原版老照片［DB/CD］. 中国收藏网，2016年3月引用. http://www.997788.com/s191/22619531/.

二、妇女首服

相比男士首服，中原女性首服形制较多，且装饰精美，兼具实用、审美及礼俗文化价值。中原各地特别是豫西地区，老少女子喜戴"捏子"，罩头发的软巾，也称"帽帘""脑包""帻""鬓角兜"，南阳社旗县人称"勒子"，我国汉族聚集区多称为"眉勒"**❶**。眉勒具有防止鬓发松散和发髻坠落的功用，盛行于明清时期，辛亥革命后慢慢消失。中原眉勒多以用绸缎或棉布制作，总体呈条状（图3-2）或中心对称的柳叶形，尾部造型略有差异。如图3-3所示，双福捧寿眉勒，卷云状尾部造型在双鬓两侧，极具美感。少妇用眉勒色彩艳丽，配以刺绣花鸟图案，有些在额前加立体花瓣状装饰，正面看像一只飞行鸟（图3-4），左右末端两根带子，戴时沿额角勒于头部。老年妇女多用黑、蓝色，上缀有金属、玉器毛皮等饰物（图3-5）。民国以后，妇女首服逐步简化。年轻妇女日常普遍不戴帽子，春夏秋冬都顶块头巾，颜色多呈黑色、蓝色，有长巾、方巾。豫东各县，农家妇女称黑头方巾为"蒙头布"**❷**。城镇地区剪发、烫发逐步流行，颇受富家小姐、知识分子等女性的追捧，传统女性首服装饰逐渐消失，中原女性开始佩戴西式礼帽、发箍等饰品。

图3-2　福寿眉勒（江南大学传习馆藏）

图3-3　双福捧寿眉勒（江南大学传习馆藏）

❶　王静. 我国传统服饰品——眉勒的形制与工艺研究［D］. 无锡：江南大学，2008.

❷　河南省地方史志编纂委员会. 河南省志·民俗卷［M］. 郑州：河南人民出版社，1995年4月：51-52，66-67.

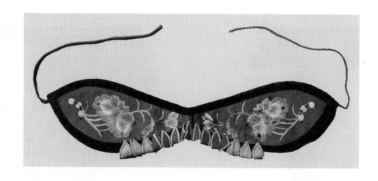

图3-4 "因荷得藕"眉勒（江南大学传习馆藏）

图3-5 花卉眉勒（江南大学传习馆藏）

　　除眉勒、头巾等妇女日常首服形式，清代中晚期，中原地区新娘在婚礼仪式中，红盖头下，发髻间戴绣花如意帽[1]。如图3-6所示，黑底打籽绣如意帽，口径19cm，帽长36cm，正面平针绣花卉，背面后搭以打籽绣蝴蝶花卉纹样，盘金绣条界边。又如图3-7所示，蓝底，口径16cm，帽长29cm，帽尾云纹收边，绣对称的红色石榴多子纹样。此类帽饰帽尾造型多变，装饰精美，有些以珠串连缀，或缝璎珞。因帽尾装饰纹样及造型不同而名称各异，如装饰华盖、宝伞等佛教纹样称为"华盖宝伞帽"；以钱币、虎面人身的神兽纹样装饰被称为"神兽帽"；帽尾下悬宝相、磬、法轮、采穗等装饰称"佛宝帽"等，为新人祈福庇护，寓吉祥富贵。

　　另外，中原民间男女首服中还有一类装饰物叫"暖耳"，又称"耳暖""耳掩儿"或"耳护"，冬天外出时使用[2]。其制作大致为两种形式：其一，以耳为模，柔软布为料，套外下边接缝处镶兔毛，富裕人家则以缎帛做面，面上还刺花

[1] 王支援，尚幼荣. 洛阳刺绣［M］. 西安：三秦出版社，2012年2月：83，237-238.
[2] 郑州地方史志编纂委员会. 郑州市志文物·风景名胜·社会生活卷［M］. 郑州：中州古籍出版社，2000年6月：522，541-542.

图3-6 打籽绣如意帽（江南大学传习馆藏）　　图3-7 石榴多子帽（江南大学传习馆藏）

草虫鸟和诗词格言，如"耳听千雨"等，戴时罩于耳上（图3-8、图3-9）；另一种是用兔毛或羊毛做成耳朵大小的圆圈套在耳上，亦称"耳衣"，两耳暖之间由一细线相连，不戴时系于衣扣上或佩戴胸前，是农民和流动小商贩的护耳之物。暖耳戴在耳朵上，既可取暖，又颇具风度。

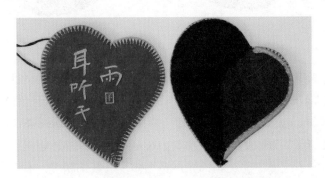

图3-8 "耳听千雨"暖耳（江南大学传习馆藏）

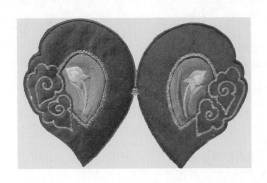

图3-9 绣花卉暖耳（江南大学传习馆藏）

三、儿童首服

近代中原儿童所戴帽子简单大方又富有情趣。童帽的结构一般由帽顶、帽身和披肩三部分构成，根据该结构可将其分为：无顶帽圈、齐耳帽和风帽三种❶。根据初生幼儿头的大小，用两块布做成一寸多宽双层布圈帽，内套艾绒，前缝绣有莲花瓣或狮子头图案的长方形布块，因刚好遮住婴儿头部呼吸点，名为"呼吸帽""凉瓢帽"（图3-10、图3-11）。稍长之少儿，多戴"齐耳帽"，又称"碗帽"，类似成人男子"瓜皮帽"的造型，一般春秋佩戴，多在帽顶或前部装饰，如图3-12所示莲花碗帽，图3-13所示虎头碗帽。

图3-10　莲花呼吸帽（江南大学传习馆藏）

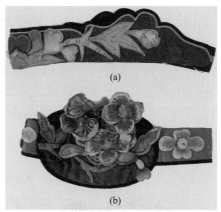

图3-11　花卉帽圈（江南大学传习馆藏）

图3-12　莲花碗帽（江南大学传习馆藏）

图3-13　虎头碗帽（江南大学传习馆藏）

❶ 卢杰，崔荣荣. 近代汉族民间童帽形制及造物思想研究［J］. 武汉纺织大学学报，2015，22（1）：41-43.

　　汉族民间百姓善于利用自然界的原型，借助丰富的想象力，赋予动植物的形态美好的寓意与文化内涵，在儿童服饰品中大量运用此类仿生的艺术手法，因此可根据童帽的形态，将其划分为莲花帽、石榴帽、虎头帽、狗头帽、兔耳帽等。

　　"虎头帽"是我国汉族民间比较典型的童帽类型。近代中原，战争频繁，灾害肆意，三岁以内的孩子死亡率较高，老虎为"百灵之王"。百姓寄希望于威猛的老虎，保佑自家孩子远离邪魔和病痛。因此，"虎头帽""虎头鞋"等在民间盛行起来，其工艺十分复杂烦琐，要经过剪、贴、插、刺、缝等几十道工序才能完成❶。如图3-14所示，以盘金绣、包纸绣表现老虎的眼睛，割绒绣制作出细腻的睫毛，拼贴、堆绫等手法制作耳朵、尾巴、虎爪和"王"字纹，以辫子绣添加精巧的虎牙，最终将"浓眉、大耳"形象逼真的整只老虎呈现出来。虎头帽又可分为单帽或棉帽两种，棉帽多有又长有宽的帽尾披覆在肩上，又可叫"风帽"，连同耳朵、脸蛋和脖子一同遮住，虎头覆住上半个额头（图3-15）。风帽，中原俗称"大尾巴帽"，密实暖和，为中原冬季儿童的主要帽子类型，帽耳下缀有布条，将其交叉系在下巴处（图3-16），不仅可以防风增加保暖度，而且可起到固定的作用。

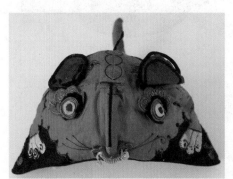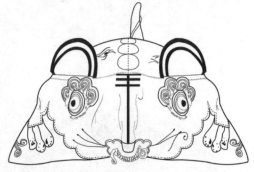

图3-14　虎头帽实物及线描图（江南大学传习馆藏）

　　如图3-17所示，儿童多福多寿帽，整体构思巧妙，工艺精湛，帽顶为圆形，分上下两层结构，第一层四角对称绣佛手瓜与寿桃纹样；第二层两两对称绣"鱼戏莲"与"凤穿牡丹"纹样；帽檐缀璎珞，帽尾以辫子绣水波纹、花卉、树木、人物等纹样，表达民间百姓对孩子的爱护及多福多寿的祝福。中原儿童帽饰造型、色彩及制作工艺出神入化，在我国整个北方地区具有一定的代表性，至今中

❶　张竞琼，张吉升，孙宁宁. 中原地区虎头帽的工艺［J］. 纺织学报，2009，16（1）：97-101.

图3-15　虎头风帽（江南大学传习馆藏）　　图3-16　绣花卉风帽（江南大学传习馆藏）

原地区民间仍有沿用，这与中原民间重视生育的观念紧密相连，寄托了传统文化中血脉传承的观念。

图3-17　儿童多福多寿帽（江南大学传习馆藏）

第二节　腰饰

中原汉族民间服饰多采用平面结构，款式造型变化小，腰部装饰多隐藏在宽大的外衣内侧，起到固定服装或容置随身小物的作用。荷包是旧时民间百姓必备的服饰配件，是中原地区最为典型的腰部装饰物，是百姓在节日喜庆之余馈赠亲朋好友的礼品及男女恋爱时的定情信物，民俗文化的符号意义已远远超越实用价值[❶]。

荷包艺术积厚流光，据考证《楚辞》中名"帏"与《礼记》中名"容臭"的盛物袋类似荷包形制[❷]。唐宋人们将"鱼袋""龟袋"作为随身佩带的饰物，清以后名"荷包""香包""香囊"。清代服饰审美追求烦琐精致，推动了装饰物的发展，清宫中设有专门制作荷包的机构，皇帝会在岁末奖赏王公贵族"平安荷包"。选后妃时，当面把荷包系挂在姑娘衣服扣上，叫"放小定"。上有所好，下必甚焉，宫廷服饰习俗由上至下影响着民间百姓，妇女喜欢在衣服大襟处挂上针线或香料荷包，男子多在腰间挂烟丝或钱币荷包。荷包由盛物的实用功能发展为珍贵佩饰物始于唐还是清，仍有待考证，但其精巧的装饰所体现的身份地位的礼仪功能与睹物思人的寄情作用已确凿不移，早已超脱饰物本身化为细腻绵长的中华文化的符号与百姓含蓄内涵的情思寄托。

一、中原荷包形制

因荷包使用者的性别、系带位置以及盛装对象的差异，促成千姿百态的形制。比对实物，如表3-2所示，可将中原地区荷包形制分为：围腰荷包、抱肚荷包、褡裢荷包、系佩荷包四类。

围腰荷包由包身、包盖两部分组成，男女通用，规整的矩形居多，部分下方两角或四角做切角处理，使更适合人体腰部形态。抱肚荷包也叫腰包，比围腰荷包略短，上方开口，不设包盖，开口处用花线或花边镶边，下方为圆弧状，整体呈椭圆或倒三角形，造型饱满。男子贴身穿用较多，以护腹部，比围腰荷包更加贴合人体。褡裢荷包类似于今使用的钱包，尺寸较围腰与抱肚荷包小，因可折叠，像民间搭在牲畜背上的驮物工具而得名。折叠面留左右或上方开合插袋，插

---

❶ 耿默，段改芳. 民间荷包［J］. 中国校外教育（美术），2009. 09：32.

❷ 孙迎庆. 金线荷包窄带悬［N］. 中华文化书报，2013-03-16：118-121.

表3-2　近代中原地区荷包形制分类

名称	盛放物品	数量（件）	尺寸（cm）	佩戴方式及人群	示例图
围腰荷包	钱币、手帕、汗巾等	19	长：30~40 宽：10~15	围裹在人体腰部，男女通用	(a) (b)
抱肚荷包	钱币、手帕、汗巾等	58	长：25~35 宽：10~15	围系在人体腰腹部，多为男子使用	(a) (b)
褡裢荷包	钱币、票据、首饰等	9	长：15~20 宽：10~15	折叠放置腰间或放于贴身口袋，男女通用	(a) (b)
系佩荷包	烟丝、香料、票据、钥匙、针线等	21	方形、圆形、鸡心形等，形状、尺寸大小不一	系在男子腰间，女子针线荷包、儿童五毒荷包多挂于大襟嘴或衣袍领襟	(a) (b) (c)

袋用不同色彩面料制成。褡裢荷包结构多样：如表3-2所示，褡裢荷包（a），荷包长度分三等份，左右两个侧插袋，荷包中间镶嵌圆形小镜，功能性强；又如褡裢荷包（b）左侧缝两道绸布，两侧缝实，中空起到固定较长物品的作用。部分褡裢荷包插袋还设有袋盖，以暗扣系合，方便存放首饰、钱币等小物，不易散落。系佩荷包泛指上方有丝带或绸绳，需系挂或怀揣佩戴的荷包。例如男子挂腰间钱荷包、女性系于大襟或衣袍领襟的针线荷包、香荷包，儿童挂在颈部的五毒荷包等。系佩荷包形制多样，有方角形、缩颈形、掐腰形、圆口形、鸡心形、植物形态、动物形态，造型与功能各异。

二、中原荷包艺术特征

荷包装饰工艺各有千秋，清代《旧都文物略》记载："荷包巷所卖官样九件，压金刺锦，花样万千。"刺绣技艺使用广泛且最具代表性，因荷包取用频繁，除去平针、套针、轮廓绣等刺绣常用针法，针脚密集、结实耐用的网绣、辫子绣、打籽绣耐磨绣法在中原地区使用较多。如图3-18所示，"瓜瓞绵绵"系挂荷包，包盖绣一朵并蒂莲花，花下有藕，构图饱满，相得益彰。莲花枝干与瓜藤采用辫子绣，花朵与蝶身以套绣增加立体感，打籽绣蝴蝶触角，形象生动，厚重结实。如图3-19所示，"多子多福"抱肚荷包，迂回曲折绣莲花、石榴、葡萄，因这三种植物果实为籽，象征"多子多福"。石榴采用菱形与几何曲线编织形态交叉网针绣，三种颜色丝线层层叠加，针针相扣，增加牢度。

图3-18 "瓜瓞绵绵"荷包　　　　图3-19 "多子多福"荷包（江南大学传习馆藏）
　　　　（江南大学传习馆藏）

荷包刺绣纹样题材繁简有致，花卉、草木、鸟兽、山水、器物、符号、文字等范围广泛。荷包多用以盛放钱财、首饰等贵重小物，因此祈求生活富足、财运亨通的题材较多。中原地区荷包纹样中，文字或方言俗语表现纹样寓意更加直白率真。如图3-20所示"不完之"围腰荷包,包身以平针与打籽绣白头鸟与牡丹,白头鸟有"白头翁"之称,在民间比喻夫妻恩爱,白头到老,牡丹为百花之王,寓意"富贵"。包盖平针绣"不完之"三字,与包身刺绣纹样相呼应,寄托了祝愿荷包主人钱物取之不尽、用之不完、生活富裕的美好心愿。又如图3-21"取不尽"围腰荷包与图3-20荷包题材相似,刺绣文字奔放直白,切中动植物组合纹样隐喻之意。

图3-20 "不完之"围腰荷包[1]

图3-21 "取不尽"围腰荷包[1]

荷包容盛细碎,竞技女红,托物言志。中原荷包形制多变,具有多种实用功能,色彩及装饰技巧丰富,适用人群广泛,寄寓各异,刺绣纹样既有"以物寓意"内敛含蓄的表现手法又有"直奔主题"奔放直白的内涵表达方式,是中原地域汉族民间服饰审美与地域族群性格的集中体现。

[1] 王支援,尚幼荣. 洛阳刺绣［M］. 西安:三秦出版社,2012年2月:83,237-238.

第三节　足衣

足衣是华夏古代服饰名称，即穿着于足上的装束。先秦时，足衣泛指鞋袜；自汉代始，有内外之分，足之内衣为袜，足之外衣指鞋❶。根据不同的分类标准可将足衣划分为不同类型：按足衣的功能性，可分为鞋、袜、鞋跟、鞋垫等；按着装人群可划分为男子、妇女及儿童足衣；按照材质可分为布鞋、棉鞋、皮鞋、草鞋、钉鞋等；按照民俗文化角度又可分为婚鞋、丧鞋以及表示祝福和吉祥寓意的虎头鞋、猪头鞋、眉眼鞋等❷。近代中原各地民间男女足部穿着主要以布鞋为主，一般为妇女手工缝制，自给自足；或缝好鞋面之后，找专门的鞋匠将鞋底与鞋面绱在一起；城市里有钱人也有买布鞋、皮鞋穿着的。姑娘和年轻媳妇用彩色四线在鞋面上绣花穿扎花鞋，儿童喜欢穿着绣有老虎、猫、狗、猪形象的鞋，俗称"眉眼鞋"，或分别称为"虎头鞋""猫娃鞋""狗头鞋""猪脸鞋"等❶。

相比男子足衣与儿童绣鞋，无论从形制与装饰等艺术属性考究，还是从民俗文化等社会属性出发，鞋是与妇女生活生产最为息息相关的服饰品。文献记载，豫北地区女子定亲后要为每位夫家成员做一双鞋。婚礼仪式结束后，新娘将鞋子赠与夫家亲属，当场试穿后并加以评论，不仅展现了新娘手艺，而且表明与夫家和睦相处的态度与尊老爱幼的习俗❸。

缠足是影响女性生产生活最为重要的因素之一，汉族女性缠足最早可追溯到南唐后主李煜。《道山新闻》记载："李后主宫嫔窅娘纤丽善舞，后主作金莲，高六尺（唐尺较短），饰以宝物、细带、璎珞中作品色瑞莲，令窅娘以帛绕脚，令纤小屈上作新月状，素袜舞云中，回旋有凌云之态。"❹最初为使足部纤细小巧，方便跳舞用布将脚趾拢在一起，时至明清，女子将趾骨折断弯向足心，缠足

---

❶　朱筱新. 古人的"足衣"［J］. 百科知识，社会广角，2009，9（17）：51–52.

❷　河南省地方史志编纂委员会. 河南省志·民俗卷［M］. 郑州：河南人民出版社，1995年4月：51–52，66–67.

❸　徐茂松. 清末民初女子绣花鞋形制与文化内涵研究［D］. 保定：河北大学，2008年12月.

❹　胡泽民，罗莉华. "清末民初中国台湾与内地部分地区缠足弓鞋造型、色彩与绣花纹饰之研究——以柯市氏典藏品为例"［C］. 民族服饰与文化遗产研究——中国民族学学会2004年年会论文集. 昆明：云南大学出版社，2005.

发展为追求"越细越美、越小越美"的极致[1]。民国，中原地区女性仍保留着缠足的习俗（图3-22）。姑娘从小要用长布条把脚紧紧地缠裹起来，直至缠的像莲花瓣那样又尖又小，美其名曰："三寸金莲"，谁缠的越小越被人称赞和仰慕。否则，则被人讥讽"大脚板"，甚至影响结婚找女婿。虽然政府及社会各界呼吁女性放足，但由于传统习俗的束缚，河南民间仍有裹足者。如图3-23所示，民国河南妇女老照片，从照片上看女性虽已接受齐耳短发、窄身小袄，但仍未放足。由此可见，缠足等传统封建思想对中原女性影响根深蒂固。

图3-22　缠足的河南名妓[2]

图3-23　穿弓鞋的民国河南妇女老照片[3]

　　由第一章表1-3所示，本文近代中原汉族民间足衣实物样本共计137件，其中女性鞋品119件，占鞋类总数的86.8%。从审美功能的角度，可将近代女性鞋品分为小脚鞋、放足鞋和天足鞋。小脚鞋又称"弓鞋"，民间也称"三寸金莲"，是女性缠足后穿着的鞋子；放足鞋是适合民国女性放足之后，即已缠过又放开的脚穿着的鞋子；天足鞋则是指适合没有外力作用自然足部形态穿着的鞋子[4]。如图3-24所示，对中原地区近代女性鞋品实物样本尺寸进行统计，直观可

❶　周开颜. 从紧身胸衣和三寸金莲看中西服装审美的殊途同归［J］. 装饰，总第174期，2007，30（10）：68-69.

❷　河南名妓巧仙.《艳簌花影》，全国各埠名妓小影［DB/CD］. 1911年：54. 中国收藏网. http://www.997788.com/s191/22619531/.

❸　民国时期中原地区老照片［DB/CD］. 中国收藏网，http://www.997788.com/s191/22619531/.

❹　徐茂松. 清末民初女子绣花鞋形制与文化内涵研究［D］. 保定：河北大学，2008年12月

见10～14cm与20～23cm处有两个峰值，中原地区女性小脚鞋尺寸在第一个峰值12cm左右，宽度为4～6.5cm，其中最小的只有9cm，不足三寸；天足鞋尺寸处于第二峰值20cm左右，宽度为5.5～8cm。放足鞋介于小脚鞋与天足鞋之间，尺寸并不固定。

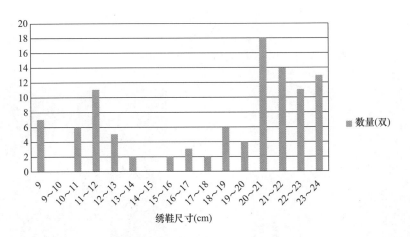

图3-24　近代中原地区妇女绣鞋尺寸统计图

小脚鞋一般由鞋面和鞋底两部分构成，鞋面又包含鞋头形状、鞋面高度两个要素，鞋底形状与鞋跟高度决定了弓鞋的形制。如图3-25所示，翘头桥底低筒小脚鞋，长13cm，靴高13.5cm，宽5cm。

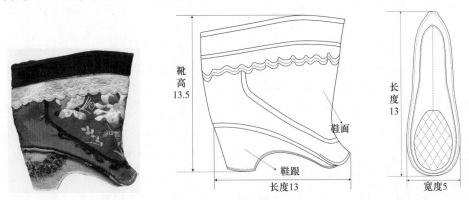

图3-25　近代中原小脚鞋及线描剖析图（单位：cm）（江南大学传习馆藏）

中原民间妇女弓鞋，鞋头造型主要有平头、翘头和卷头三种类型。平头造型简洁实用，是民间常见类型（图3-26），翘头鞋装饰精美，样式考究（图3-27），卷头鞋精致小巧，多为桥底，且红色比重较大，艺术及民俗价值较高（图3-28）。

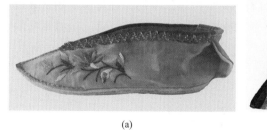

(a)　　　　　　　　　　　　　(b)

图3-26　近代中原平头小脚鞋（江南大学传习馆藏）

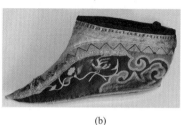

(a)　　　　　　　　　(b)　　　　　　　　　(c)

图3-27　近代中原翘头小脚鞋（江南大学传习馆藏）

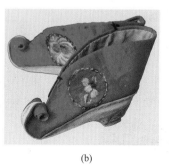

(a)　　　　　　　　　(b)　　　　　　　　　(c)

图3-28　近代中原卷头小脚鞋（江南大学传习馆藏）

　　如图3-29所示，弓鞋鞋底可分为平底、桥底和高跟。平底一般为一层或多层缝线纳底，单层的薄底多为女子睡鞋［图3-29（a）、图3-29（b）］，为避免睡眠时脚布松开穿着软帮软底的鞋子；桥底又称弓底，多为木制，有或大或小的弧度，覆以布帛，再与鞋面相连。桥底与鞋面的尺寸大致分为三种：一，鞋底与鞋面同长，如桥拱型由鞋跟延伸至脚尖［图3-29（c）］：二，鞋面的长度略大于鞋底，尖尖的鞋头超出鞋底大概1~1.5cm［图3-29（d）］，最宽处在后跟部位；三，鞋底与鞋面尺寸差别较大［图3-29（e）］，仅与鞋面后半部相连，类似现代的坡跟鞋。高跟小脚鞋可看做桥底绣鞋的变形，柱形后跟现代高跟鞋类似〔图3-29（f）、图3-30〕，还有一种挂跟（图3-31），通过扣襻系挂的方式将鞋跟与鞋面相连。

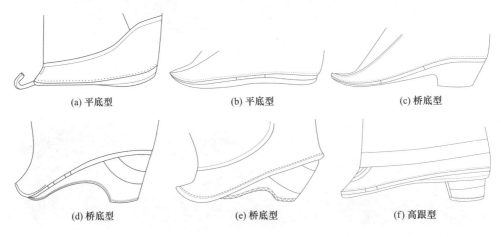

(a) 平底型　　　　　　　　(b) 平底型　　　　　　　　(c) 桥底型

(d) 桥底型　　　　　　　　(e) 桥底型　　　　　　　　(f) 高跟型

图3-29　近代中原小脚鞋鞋底样式线描图

图3-30　中原高跟小脚鞋（江南大学传习馆藏）　　图3-31　绣鞋挂跟（江南大学传习馆藏）

女性缠足后，脚面弓起，因而弓鞋前脸弧度增加，更加陡峭，有些甚至接近直线，增加了鞋面的装饰面积。封建社会从头到脚，鞋子形制等级差异亦十分严苛：色彩上，女子绣鞋实物样本色彩红色、蓝色、紫色居多，黄色甚至偏黄的黄绿色均为民间百姓禁忌色，至多可穿着偏橘色的杏黄色；民间妇女绣鞋不可装饰过剩，珍珠、金线以及龙凤图案为禁用❶，因此，民间绣鞋多装饰绒球、铜铃、蝴蝶以及刺绣各式花鸟图案，鞋面多用丝绸或者棉布制成。根据鞋面的高度，可将小脚鞋分为浅口鞋（图3-32）、低勒鞋（图3-33）、中筒靴（图3-34）与高筒靴（图3-35）。浅口鞋鞋面很短，浅而窄，穿着方便。鞋面主要用来保护三寸金莲干净，不易受

图3-32　浅口鞋

损，高筒靴比中筒靴及低勒鞋保暖性好，是冬季小脚鞋的主要样式。

图3-33　低勒鞋　　　　　　图3-34　中筒靴　　　　　　图3-35　高筒靴

　　中原地区妇女放足鞋与天足鞋平底较多，放足鞋尺寸略小于天足鞋。从形制上看，放足鞋可分为两种：如图3-36所示，鞋面为一片式，类似天足鞋的形制，鞋头较尖，整体呈短而小的菱形；如图3-37所示，此类放足鞋由对称的两片鞋面构成，鞋头以线钉固定，鞋口较宽，鞋面极短，整体呈细长的柳叶形，是平头小脚鞋的变形。天足鞋形制比较固定，多为圆头、浅口、棉布或丝绸制成，尖头比较少，在鞋头处或鞋面两侧以刺绣纹样装饰（图3-38、图3-39），整体呈椭圆形。

❶　胡泽民，罗莉华. 清末民初中国台湾与内地部分地区缠足弓鞋造型、色彩与绣花纹饰之研究——以柯市氏典藏品为例［C］. 民族服饰与文化遗产研究——中国民族学学会2004年年会论文集，昆明：云南大学出版社，2005.

图3-36 织锦放足鞋（江南大学传习馆藏） 图3-37 绣花放足鞋（江南大学传习馆藏）

图3-38 红底刺绣天足鞋（江南大学传习馆藏） 图3-39 黑底绣花天足鞋（江南大学传习馆藏）

　　近代中原妇女极其重视足衣装饰与审美，实物研究104双妇女鞋品中，仅5件深色没有任何装饰，其他均有绣花装饰。绣鞋既是我国古代政治文化的产物，又是长期礼教文化影响下的民俗审美事象，中原汉族与满族及其他民族通过女性裹脚来体现文化的差异与尊卑；两性之间通过隐晦、含蓄的绣鞋传递情思；男性通过束缚女性的脚进而完成对女性身体及精神的奴役。从艺术学的角度分析近代妇女足衣是精致的、巧夺天工的智慧；从社会学的角度，近代妇女缠足与放足则是社会进步与妇女革命的血泪史；从文化学的角度，近代女性足衣形制的形式的转变则是一部文化交流与开放的进化史。

　　由于有大众购买力不及上流阶层、时尚信息获取渠道狭窄两个主要因素，民间百姓重配饰，轻服装。服装配饰种类繁多，形制丰富，首服、腰饰、足衣从头到脚，满足了百姓生产生活对服饰的实用性及功能性需求。且配饰面积相对较小，因此色彩更加大胆艳丽，装饰精美，反映出中原百姓对有限物质的珍惜以及在生活细节中对美的追求。由于中原服饰配件因便于携带，易于搭配，多为民间百姓传递情感的载体，更具民俗与文化价值。

第四章 近代中原地区汉族民间
服饰装饰图案

近代中原汉族民间服饰图案题材与主题虽沿袭明清装饰传统的形制与手法，但仍在历史与文化的变迁中创新、改造，表现出时代特征与地域特色。清中后期，刺绣与缂丝等工艺手法达到顶峰，服装装饰图案也在不断堆砌中达到"繁、满、细"史无前例的高度。中原民间服饰品受其影响，特别是云肩、凤尾裙等婚嫁服饰品刺绣繁复，装饰精美。清末民初，随着新文化思潮的影响，服装形制变化较大，繁复的装饰风格逐步被人们摒弃，图案题材及装饰手法也得到革新。

第一节 中原汉族民间服饰图案装饰特征

根据传世服饰品实物分析，男子服饰相对素雅，装饰图案较少。中原汉族民间服饰中装饰图案多见于妇女服饰，其图案题材特点及表现手法如表4-1所示。

表4-1 近代中原妇女服饰装饰图案题材与表现手法

服饰类型	纹样题材	组织形式	工艺手法	装饰部位示意图
袄、衫、褂	植物、动物	连续纹样、适形纹样、单独纹样	镶、绲、贴、刺绣	
马甲	植物	连续纹样	镶、绲、贴	
裤	植物	连续纹样	镶、贴	

续表

服饰类型	纹样题材	组织形式	工艺手法	装饰部位示意图
裙	植物、动物、符号	连续纹样、适形纹样、单独纹样、角隅纹样	镶、绲、贴、刺绣	
云肩	植物、动物、人物、符号	连续纹样、适形纹样、角隅纹样	镶、嵌、绲、贴、刺绣、连缀	
肚兜	植物、动物、人物、符号	单独纹样、适形纹样、角隅纹样	镶、绲、刺绣、贴补	
荷包	植物、动物、符号	适形纹样、角隅纹样	绲、刺绣	
眉勒	植物、动物、符号	适形纹样、角隅纹样	贴补、刺绣、镶、绲	
鞋	植物、动物、人物、符号	单独纹样、适形纹样、角隅纹样	镶、绲、刺绣	

　　由于日常着装实用性、功能性的需求，中原民间妇女主体服装袄、衫、褂、马甲、大裆裤等的装饰纹样并不十分讲究，多集中于领围、胸、肩、袖口、下摆以及裤口处。大身装饰刺绣较少，109件妇女袄和衫中只有7件大身以单独纹样或四方连续纹样装饰，占总体比例的8.25%。襟缘装饰十分普遍，以带有连续纹样花边或异色面料镶、绲、贴。女子马面裙、凤尾裙以及婚嫁类服饰云肩装饰相对考究，装饰图案题材丰富。特别是中原民间服饰云肩，外轮廓形状多变，单层或多层形制多样。几乎每件云肩中均有装饰纹样，少则每个角隅处饰以单独纹样，多则一件云肩中涵盖植物、动物、人物、符号等多种纹样题材，大大小小几十个纹样。通过实物对比分析，不难发现荷包、眉勒、鞋等服装配饰等几乎都有装饰纹样。纹样题材以植物、动物为主，依据配饰的不同形制，以角隅纹样或适形纹样出现较多。

第二节　中原汉族民间服饰装饰图案题材

中原汉族民间服饰图案题材十分广泛，如表4-2所示，除了来自百姓现实生活，神话传说、戏曲故事、文字线形、几何符号、自然气象、宗教器物均可用来绣制装饰图案。各类题材以单独出现或两两甚至多种元素通过谐音、类比、多义等意向化的手法组合在一起，无关题材的时空及物理属性，而是以作者的意念将物象加以组合、变形，使之更富有艺术魅力。这种自由创造，不受任何空间的限制，只要能表现作者心中的情绪与意念，任何自然界的、外在的客观形象都可以加以改造、变形或组合。

表4-2　近代中原汉族民间服饰图案题材及内容

种类	题材	图案细分及名称举例
植物	花草	牡丹（凤穿牡丹）、莲花（莲生贵子）、梅花、菊花、桃花、鸡冠花、卷草等
	蔬果	南瓜、葫芦（葫芦生子）、莲藕（因合得偶）、佛手瓜、石榴（多子多福）、桃、葡萄（松鼠葡萄）等
	枝条	松、柳、竹、柏等
动物	现实动物	兽、猫科：虎、狮（狮子绣球）、鹿、牛、羊、猫（富贵耄耋）；禽、鸟类：公鸡、鸳鸯（鸳鸯戏莲）、喜鹊（喜鹊登梅）、仙鹤、鸬鹚（鸬鹚探莲）；昆虫、鱼类：蝙蝠（福寿双全、双蝠捧寿）、蝴蝶（蝶恋花）、蟾蜍（蟾蜍折桂）、壁虎、蝎子、蜈蚣、蜘蛛、蚂蚱、螃蟹、鼠、金鱼（鱼戏莲）等
	人文动物	龙、凤、蟒、麒麟（麒麟送子）、辟邪兽等
人物	戏曲剧目	蝴蝶杯、西厢记、火焰驹、穆柯寨、拾玉镯、七星庙、状元拜塔等
	历史典故	鹿乳奉亲、三娘教子、卧冰求鲤等
	场景仪式	百子图、亭台仕女、男耕女织、夫妻好合、衣锦还乡、拜高媒、姑嫂烧香等
	神话传说	刘海戏金蟾、天仙送子、八仙过海等
符号	自然气象	如意云纹、雷纹、落花流水纹、海水江崖纹等
	几何	盘缘、团窠、回纹等
	器物	钱币（福在眼前）、太极、八卦、八宝、八吉祥、暗八仙等
	文字	寿、福、囍、长命富贵、寿比南山、福如东海、金玉满堂等

一、植物纹样

植物纹样是中原民间服饰中最普通也是最重要的一类题材，几乎每件有图案装饰的服饰品中均有植物纹样，直接写实或夸张变形。花卉纹样代表美丽、吉祥如意和物丰人和，又因容易变形，适应性强，可谓"有绣必有花，有花必有意"。花卉纹样以牡丹、莲花、梅花、桃花、菊花最为常见。牡丹是河南地区最具代表性的花卉品种之一，"洛阳牡丹甲天下"，刺绣牡丹，色彩艳丽，雍容华贵（图4-1）。莲花、梅花位居其次，"'莲'与'连'音韵相同，莲是盘根植物，取其枝叶繁茂，本固枝荣之意，以祝世代绵延，家道昌盛"❶，常见的纹样有"鱼戏莲""因合得偶"（图4-2）等纹样。梅花是中国古代常见的审美意象，由表及里地表达着各种层次的审美感情，寓意雅致、高洁❷。梅花与喜鹊构成"喜鹊登梅"又叫"喜上眉梢"，将梅花与喜事连在一起，表示喜事连连（图4-3）。

图4-1　牡丹纹样　　图4-2　因合（荷）得偶（藕）纹样　　图4-3　喜上眉梢纹样

蔬果纹样主要来源于河南地区盛产的各色瓜果、蔬菜，与百姓对生活的吉祥祝愿相应和，例如：紫茄有紫袍加身，高官得中，仕途顺达之意；葡萄果实堆叠繁密，象征着五谷大获丰收和富贵，与在十二时辰中为"子"的老鼠或变形的松鼠组合在一起，喻为多子、丰收、富贵（图4-4）；"福寿三多"纹样是流传河南民间的蔬果纹样中一个重要的表现形式，即将佛手瓜与寿桃、石榴构成组合纹样。佛手瓜形如人手，也谓"佛之手"，与"福"谐音，在图案中做多福的象征，桃寓意多寿，石榴多子，三者两两或同时出现，通过方向和形态的变化组合在一起，比喻多福、多寿、多子（图4-5）。

❶　王瑛. 中国吉祥图案实用大全［M］. 天津：天津教育出版社，1999年：186.

❷　崔荣荣，魏娜. 民间服饰中梅花形态的文化解析［J］. 装饰，2006，29（11）：92.

图4-4　松鼠葡萄纹　　　　　　　　　　　图4-5　福寿三多纹

二、动物纹样

与植物纹样相同，在中原传统图案的宝库中，动物及其组合形态占有重要的位置，不仅包含现实世界中兽、禽、昆虫、鱼等物种，同样涵盖经过人们想象和幻想勾画的各类神兽祥物，具象到抽象，实体到神话传说，涉及天上地下、飞禽走兽几十种形式。汉族自古便把龙、凤、麒麟、蝴蝶、蝙蝠、金鱼等带有吉祥寓意的纹样绣于服饰上寄托对生活、爱情的美好期望（图4-6）。蜘蛛作为昆虫中的一种，与蝙蝠、蟾蜍等纹样相比，在传统服饰中的应用并不常见，但在中原民间服饰上却屡屡出现。蜘蛛在古代又称"喜子"或作"蟢子"（图4-7）。《尔雅疏注》称："俗呼喜子，荆州、河南人谓之喜母。此虫来着人衣当有亲客至。幽州人谓之亲客。"晋·葛洪《西京杂记》："干鹊噪而行人至，蜘蛛集而百事喜。"北齐刘昼《新论·鄙名》："今野人昼见蟢子者，以为有喜乐之瑞。"蜘蛛多于石榴组合在一起，表达了"喜子""乞子"的文化内涵。

图4-6　龙凤纹样　　　　　　　　　　　图4-7　"喜子"纹样

三、人物纹样

中原民间服饰中人物纹样的运用不如动物与植物纹样广泛，却是与造物者、着装者最密切相关的一类，记录戏曲情景、喜庆场面、宗教活动以及人们向往的生活态势，含蓄神秘，质朴生动。服饰图案"意念造型"使得后人可以通过单个纹样寓意的拆解叠加，了解动植物、几何符号、宗教器物等组合纹样的寓意。但人物纹样则不能完全通过这种方法解读，需分析人物造型、角色、重现场景，同时对照中原地区民俗活动、戏曲故事等历史背景，还原造物环境，探析作者情感诉求。

戏曲剧目题材是人物题材中的一大类。观戏、听戏是传统社会生活中最主要的精神活动，人们从戏曲中认识历史、辨别忠奸、善恶，妇女们常随身带一把剪刀，边看戏边把戏曲人物剪下来，作为绣本贴在绣缎上依样绣出[1]。河南豫剧是我国五大戏曲剧种之一，第一大地方剧种，经典的剧目桥段有《对花枪》《红娘》又称《西厢记》，《花木兰》《蝴蝶杯》《七星庙》《穆桂英》等，以表现婚姻爱情主题居多。刺绣纹样有的直接将角色的神情动态、服装色彩借鉴过来，记录戏曲剧情；有的结合观戏时的感受，以及千古民俗之说道含意，经过自己审美的过滤，杂揉在一起，以全新的、随性的艺术手法创作。因此服装刺绣图案，好似剧照又不是剧照，一代代保留在民间。如图4-8所示，戏曲人物题材纹样"穆柯寨"线描图，讲述了宋代杨宗保交战穆桂英携"降龙木"投宋的故事，人

图4-8　戏曲人物题材纹样"穆柯寨"线描图

---

❶ 张青，段改芳. 山西戏曲刺绣［M］. 哈尔滨：黑龙江美术出版社，1999.

物造型与手持兵器装扮描绘出戏曲剧情常见打斗场景，利用人物脚形与发饰区分性别和身份。刺绣线条简洁，人物五官、服饰装饰刻画细致入微，灵动形象，其风格特征是民间刺绣艺术的真实反映。

中原人物纹样题材中有一类似戏又非戏，有学者将人物形象刺绣均归纳为戏曲题材，有失偏颇，这类题材多源于《二十四孝经》民间故事或寓言传说，笔者定义为历史典故题材。因大多历史典故被民间艺人改变为戏曲，所以这两类题材间衔接和转换没有了明显的界限，但创作者将历史典故移接到服装中的意义，绝不是对一出热闹戏曲场景的描述，而是为了表达规范与约束生活的教化作用与隐喻意义。比较多见的主题有"三娘教子""鹿乳奉亲"等。如图4-9所示，"卧冰求鲤"纹样线描图，题材源于《二十四孝经》中"王祥卧冰求鱼"的故事，以扎头巾裸上身男子形象代表王祥，两条鲤鱼在冰下游动，纹样整体约10cm长、5cm高，刺绣者在如此小的绣片上以拙朴质雅的刺绣手法，平绣、网绣多种技艺并用，人物造型生动，表达了我国传统文化中"百善孝为先"的主旨。

图4-9 历史典故题材纹样"卧冰求鲤"线描图

神话传说是博大民间文化丰富的想象力与创造力的结晶，是留给子孙后代的宝贵精神财富。中原民间服饰中常见的神话传说题材主要有以乞子、求子为主的"莲生贵子""天仙送子""麒麟送子"（图4-10）等纹样，或以求富贵为主的"刘海戏金蟾"等纹样。因神话传说题材有较多文献和口述资料对照，所以容易通过刺绣纹样对照理解。以"刘海戏金蟾"题材为例，纹样中刘海化身童子形象，所戏金蟾为三条腿的蟾蜍，被认为是灵物。"蟾"又与"钱"谐音，故民间流传着"刘海戏金蟾，步步钓金钱"的俗语，于是刘海被视作钓钱散财之神，以取吉利，预示日子富裕美满❶。

---

❶ 班昆编绘. 中国传统图案大观［M］. 北京：人民美术出版社，2002，06：273.

民间信仰及宗教仪式作为百姓生活中不可或缺的社会活动，经过造物者更多人为的想象和幻想以刺绣记录下来，带有强烈的神秘色彩。如图4-11所示，"拜高禖"纹样线描图，刺绣纹样中央坐抓髻女神。抓髻是指豫西河洛地区陕西等地，女孩自订婚起将少年时期的长辫子梳成两个发髻，分开在头顶两侧或悬在两鬓旁边。这一发型逐渐成为女子已许配而未出阁待嫁的象征。后来，民间认定抓髻娃娃形象为司婚姻、生育之神❶。在这个象征生育力的女神形象塑造过程中，学习女红的女孩潜移默化地接受着婚前人生教育。如图4-12所示，"姑嫂烧香"纹样，河南民间流传着民谣小曲"高高山上一庙堂，姑嫂两人去烧香：嫂子烧香求男女，小姑烧香早招郎。"该纹样宗教艺术祭拜场景刺绣画面线描图，中央绣祭拜高台建筑，左侧女子上身刺绣大褂，下身着马面裙，右手持莲花，左手举拂尘；右侧女子梳双发髻，左手顶花篮，右手持拂尘。画面两侧映衬人脸五官轮廓莲花与猴子捧桃纹样，刺绣者通过动植物纹样的配合隐喻祭拜仪式的诉求。

图4-10　神话传说题材纹样
"麒麟送子"线描图

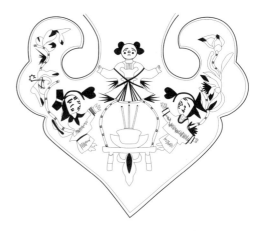

图4-11　"拜高禖"题材纹样线描图

中原民间服饰人物题材纹样中有一部分既没有戏剧人物的情节设计，也没有神话传说、历史典故的史料考证，仅仅是男耕女织、晴耕雨读，生活场景的描画。如图4-13所示，为百姓生产劳作场景的概括描绘，男子肩担水桶，浇灌田

❶　王宁宇，杨庚绪. 母亲的花儿——陕西乡俗刺绣艺术的历史追寻［M］. 西安：三秦出版社，2002年10月：83，44.

图4-12　"姑嫂烧香"纹样线描图

图4-13　生产劳作题材纹样线描图

地，女子播种，人物周围饰花卉、桃果、蝴蝶等吉祥纹样，画面清新淡雅。简简单单劳动场景的描绘，映照出百姓对于平静恬淡生活的向往。如图4-14所示，为一件连缀式云肩飘带缀饰绣片线描图，刺绣纹样构图因势而定：绣片底部，官府打扮的男子后紧跟短衣着装的仆人；绣片上方，着刺绣大衫妇女怀抱儿童，简单几笔将人物背景交代清楚。制作者利用绣片形状的纵深做场景与时空的切换，通过人物形象着装与行为差异表现社会属性，反映出中原地区传统社会"男主外，女主内"的固有家庭模式和分工。

　　人物纹样产生的原因大致与记事、崇拜、巫术有关，文字出现以前，以事物、场景形态的模仿记录与传递信息❶。因此，相比动植物纹样，人物纹样具有

---

❶　李冠雄. 论中国传统人物纹样之起源［J］. 现代装饰（理论），2011，6（8）：93.

图4-14　连缀云肩局部线描图

突出的纪实性，且没有固定的形式组合与配比方式，因每个制作者工艺技法不同而更具随意性；为还原故事情节与动态，造型语言更具形式上的写实性；因不同地区民间信仰与民俗活动的差异而具地域性。

四、符号纹样

符号纹样题材包含的内容比较繁杂，是人们对自然气象、宗教器物以及日常生活相关事物的抽象总结。例如：人们对云、雷、山、水、浪花等自然气象的归纳概括，构成多变的装饰形态，云纹、海水江崖纹等；几何纹样是以点、线、面组成的方格、三角、八角、菱形、圆形、多边形等规律的图纹，包括以这些图纹为基本单位，经过反复、重叠、交错处理形成的各种形体❶。中原民间装饰图案中常见的盘绕纹寓意"诸事顺利，好事连绵"；器物纹样多为带有宗教意味的法器、寓意富贵的钱币纹、隐喻仕途通达的"文房四宝"纹样等。如图4-15所示，中原民间服饰云肩中"暗八仙"纹样。中原地区受佛教、道教影响较深，八仙是道教传说中的八位神仙，民间有"八仙过海各显神通""八仙献寿"等说法，以八仙的法器为符号寓意长寿美好。

文字题材装饰纹样大多有两种形式：其一，以吉祥祝语、诗词歌赋直接进行装饰。如前文配饰荷包中"取不尽""不完之"纹样，寓意富贵长存，取之不尽。另外还有民间服饰常见的"寿比南山""福如东海""金玉满堂"等字样；

---

❶ 高春明. 中国历代服饰艺术［M］. 北京：中国青年出版社，2009：280.

图4-15 云肩服饰中暗八仙纹样

其二，利用文字进行抽象变形转化为图案，并配合植物、动物等纹样进行装饰，如常见的"福""禄""寿""喜"等文字的变形（图4-16）。

图4-16 "寿"字纹

民间工艺美术博大精深，中原汉族民间服饰图案题材如同一个浩瀚的海洋。一件服饰品图案符号小到几毫米，大到几十厘米，数量之多，题材之广，让人目不暇接。近代中原地域服饰图案作为主流汉文化，从先秦至民国，不断完善与发展，纵向的传承与横向的交流，使各民族服饰图案元素相继融入汉族服饰文化体系，大大丰富了服装装饰艺术的表现力，最终形成种类多样、寓意丰富的地域特色。

第三节 中原汉族民间服饰装饰图案文化内涵

伴随人类社会走向成熟，艺术、文化、宗教、世俗生活得到全面发展，纹样的审美与文化属性远远超越功能属性，成为民俗活动的符号与代码。中原民间妇女将日常生活与自然环境中所见、所思、所想，通过自小受教习得的刺绣、拼贴、织造等女红手艺，以装饰纹样表现在服饰品中，抒发着她们对生活、未来美好的精神诉求，同时体现出不同地域的文化内涵，具体归纳为以下四个方面。

一、符号纹样两性情爱的隐喻诉说

中原民间服饰图案中有大量歌颂爱情的戏曲题材，例如：动植物纹样中"蝶恋花"（图4-17）"凤穿牡丹"（图4-18）"鱼戏莲""鸳鸯戏水"等；人物题材纹样中，"鹊桥相会"（图4-19）"西厢记"戏曲故事大多以男女主人公经过种种曲折与考验，最终相爱相守成家立命为主线。制作者是希望自己的婚姻生活能像戏曲故事那样，尽管会遇见很多未知的磨难，但两人真心不变，情爱永存。另外，汉民族婉转含蓄的性格特征，往往希望通过服饰装饰图案用极其隐晦的方式表达两性情感，特别是与"性"有关的文化。民间妇女出嫁时要准备几双五彩丝绣的"睡金莲"（即前文妇女足衣中提到的"睡鞋"），拜过堂后上床穿着，鞋内有图案，脱下后新郎新娘合看，画面多为新婚的性教育，隐晦的对新人进行性教育。古代女性没有条件人人读书识字，但人人必学女红刺绣。出嫁人妇，含蓄羞涩，女性通过刺绣纹样将自己对男性的情爱、期许表达在服饰中，希望男性通过绣品了解女性心声。

图4-17　"蝶恋花"纹样　　　图4-18　"凤穿牡丹"纹样　　　图4-19　"鹊桥相会"纹样

二、乞子求子的生殖崇拜

生存与繁衍是我国古代民间生活和艺术的最高理想与追求，天地相合、阴阳相交，分四时，化五行，成八卦，生万物的基本符号，是民间古今不改，千里不变的主脉❶。传统纹样中以"乞子"为诉求的动植物、人物纹样不胜枚举:"麒麟送子"不仅表现了对子孙数量的祈盼,同时暗含了对孩子美好未来的憧憬;"瓜瓞绵绵"图案则是希望子嗣世代繁荣的寓意(图4-20)。汉族民间意识中常将"鱼"与"莲"比喻为男和女,而中原地区除"莲"之外,常把"花篮"比喻为女子。在河南豫北、豫中等地有已出嫁的女儿在端午节、中秋节等节日提篮回娘家送节礼的习俗。民谣载:"娶个媳妇生俩孩儿,一个叫萝头(男孩),一个叫篮儿(女孩)""生个闺女多个麻糖(油条)篮儿"。此外,河南民间也以"鱼"和"花篮"这两种形象化作男女两性生殖器官的象征。如图4-21所示,鱼在花篮丛中嬉戏,隐喻人类的情爱、性和生育活动,是人类生命繁衍本能的艺术幻化和审美升华。

图4-20 "瓜瓞绵绵"纹样   图4-21 "鱼与花篮"纹样

三、民间信仰的符号化表达

民间宗教与民间信仰是区别于制度化宗教而言的,它是指在民众心目中产生的一套神灵崇拜观念、行为习惯和相应的仪式制度。民间信仰与制度化宗教的区别,主要是没有固定的组织机构、活动场所、专司神职的执事人员,完整的伦理、哲学的体系,反映的是基层民众的心理需求和呼声❷。民间宗教是非常复杂的精神文化现象,不仅有图腾崇拜,还包含自然崇拜、祖先崇拜、神灵鬼魂崇拜等,利用宗教的精神力量以求神拜佛的形式来达到保佑的目的,具有自发性、复杂性、功利性、地域性等特征。服饰图案中大量记录宗教活动与仪式的纹样

❶ 崔荣荣,牛犁. 民间服饰中的"乞子"主题纹饰 [J]. 民俗研究,2011,26(2).
❷ 施敏峰. 多元并存与和谐共生:中国民间信仰的基本形态 [J]. 民俗研究,2011,26(2).

（图4-22、图4-23），是民间信仰在服饰中最直观的反映。从其本质出发，民间信仰主题图案创作观念主要来自于对自然和生命的敬畏以及对生活中美好事物最质朴的热爱。将当时无法解释的自然现象，不能超越的现实问题，抽象化为对神灵的祈求和精神寄托。

图4-22　"姑嫂烧香"纹样

图4-23　"女子焚香"纹样

四、社会道德与观念的传承教化

我国传统社会秩序的维护，法律是底线，更多是依靠社会成员公认的道德与礼仪约束。对于女性来说，伴随跟母辈学习女红，人生的教育、生活的规范便已悄然进行。没有直白的讲述，而是通过长时间、耐心地女红刺绣，民间故事、寓言传说一遍遍习得，相夫教子（图4-24），男耕女织、夫妻好合恬淡的生活模式，将为人子女、为人媳妇、为人妻子、为人母亲的行为准则印在脑中，实践于生活。对于男性来讲，中原民间文化中有大量的"求仕"题材，如：直接将"禄"字绣在枕顶上，时时刻刻提醒当官是第一位的，告诫子孙读书、求仕、做官封侯方为人生正途；或采用动植物纹样，采用谐音的手法交叉组合，表达求仕途、求功名的寓意。例如，图4-25"二甲传胪"纹样，即两只大蟹，意谓两只黄甲，配以芦苇或花草，因"芦"与"胪"同音。纹样以蟹与芦为内容构成，即寓科举及第之意。

图4-24 "三娘教子"纹样

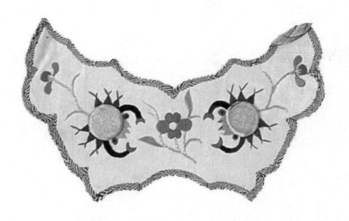

图4-25 "二甲传胪"纹样

　　服饰装饰图案的产生与当地的自然环境、地域物产、历史民俗、日常生活、审美观念、文化艺术形式密切相关。通过实物分析及文献比对研究发现，中原地区民间服饰装饰图案保留了主流汉族文化的风格特征，造型精巧、内敛含蓄，通过纹样的题材、构成形式及装饰部位缓缓诉说造物者内心的情感诉求，以及人际与代际间文化传播的教化意义，同时西与秦陇文化相连，东接齐鲁、燕赵，图案造型简练大气，文字或俗语图案一语中的，流露北方游牧自由豪放的性格特征，作为文化遗产的一部分，记录了这个时代不同文化在这片神奇土地的特殊记忆。

　　中原民间服饰图案不仅仅是一种艺术装饰形式，还是一种观照人生、寄托人文情怀的介质。朴素的生存观念负载着中原百姓全部生活的意义和实现价值的存在，唤起人们丰富的情感体验，赋予生活过程中每一个细节以神圣的意味和亲切的情趣。

第五章　近代中原地区汉族民间服饰色彩、材料与工艺

服饰色彩是我国传统服制体系中尊卑贵贱等级制度可视化的物质载体，朝代更替必将伴随"改正朔，易服色"，起到了规范民众行为和维持社会秩序的作用。近代动荡的社会环境使得服色制度逐渐失去政治依靠，逾制僭越的民间用色更容易体现出越来越民主的民间审美特色。民间服饰装饰技艺与服饰材料选择，不仅是地域服饰文化的体现，同时映射了中原地区手工技艺、工业技术等生产力发展水平，对于整个中原近代社会环境的研究具有非常重要的启发意义。

第一节　中原汉族民间服饰色彩

一、中原汉族民间服饰色彩构成

民间服饰色彩的构成是十分复杂的。从整体服饰形制分类出发，可分为服装色与配饰色，上装色彩、下装色彩；在单件服饰品中，可分为面料用色、里料用色及辅料用色；从服饰装饰细节出发，可分为服装主色、工艺辅助用色及装饰图案配色。

近代中原地区民间服饰多为纯色，即单一色相构成，在领肩、袖口、底摆、裤口等处拼接异色面料，起到辅助工艺、丰富服饰结构的作用。清朝末年，服饰崇尚奢华，民间服饰缘襟中边缘装饰工艺辅助用色及图案刺绣工艺色彩亦十分丰富。如图5-1所示，近代中原左衽袄，服装大身面料主色为红色，门襟及袖口处黑色辅助色拼接，并以绿色、橘色镶边装饰，整体色彩由大身主色、辅助色、装饰色构成。又如图5-2所示，近代中原马面裙，裙身主体红色，裙摆、马面边缘及裙褶结构线以黑色绳边、镶边装饰，马面绣以蓝白"蝶恋花"纹样，整体由裙体主色、工艺辅助色及图案装饰色构成。

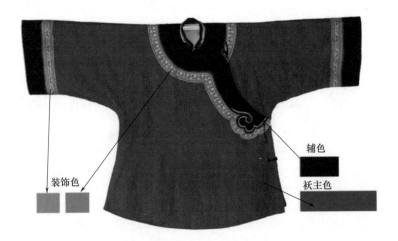

图5-1　近代中原左衽女袄（江南大学传习馆藏）

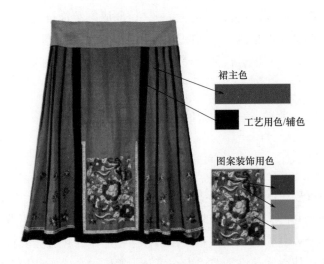

图5-2　近代中原"蝶恋花"马面裙（江南大学传习馆藏）

　　因此，将传统服饰色彩归纳为三种形式，即主色、工艺辅助用色、纹样装饰用色。主色即构成服饰视觉形象的主要色彩；工艺辅助用色是指为满足服饰外部轮廓与内部造型变化，镶、绲、贴等工艺所构成的色彩；第三类为服饰刺绣纹样、流苏等装饰用色，种类繁多，但多占块面比例较小。

二、中原汉族民间服饰色彩倾向

　　色彩具有非常强烈的表情属性和情感属性，在历史进程中能够长期左右甚至决定特定民族的审美观念和民族性格，尤其突出表现在民族文化艺术和风俗习惯中❶。从整体上看，中原地区民间服饰色彩普遍遵循我国传统"五行五色"的观念，即青、赤、黄、白、玄合称为"五色"。《周礼·考工记》中记载与我国传统服饰设色相关的六个工艺门类，"画缋之事：杂五色。东方谓之青，西方谓之白，南方谓之赤，北方谓之黑，天谓之玄，地谓之黄。"❷五色对应了五行学说中的"天地东西南北"，将权势地位、哲学伦理、礼仪宗教等多种观念融入色彩，正是由于五色观念以社会普遍接受的礼教制度形式延续下来，融入到我国几千年来的造物意识生产中，涉及服饰、建筑、绘画、陶瓷等领域遵循其标准设色理念，形成了一套特色鲜明的中国传统色彩文化体系。

利用色彩比对提取法，对本课题近代中原汉族服饰样本库中的上装袄、衫、褂、袍，下装裙、裤以及主要配饰鞋传世品实物图像进行了主色提取与统计，并对照我国传统五色色相属性进行分类，如表5-1所示。

表5-1　近代中原地区民间服饰主要色相统计

袄、衫、褂（116件）		袍（12件）		裙（85件）		裤（18件）		鞋（119双）	
数量	色相示例图	数量	色相示例图	数量	色相示例图	数量	色相示例图	数量	色相示例图
玄色 30		4		5		2		19	
赤色 24		1		36		9		51	
青色 40		7		18		7		49	
白色2	—	—	—	5	—	—	—	—	—
黄色1		—	—	—	—	—	—	—	—
其他 19	格子、条纹及机织杂色面料	—	—	21	凤尾裙及多色拼接裙	—	—	—	—

---

❶　孙治让. 考工记. 周礼正义卷［M］. 北京：中华书局，1991年.

❷　清水茂. 说"青"［A］，王力先生纪念文集［M］. 香港：香港中国语文研究会编，1987年.

从表5-1统计数据来看，近代中原地区民间服饰中白色少有使用，黄色则极少出现。在衫、袄等上衣统计中，仅有一件衫主色为黄色，另外凤尾裙及拼接百褶裙中少有黄色面料做装饰，其他服饰类型中未见黄色。因黄色为宫廷用色，传统的服饰制度下，在民间服饰中使用较少。又因黄河中下游地区，自然地理环境上以土黄、赭石等黄色系为主，容易产生视觉疲劳，百姓会有意无意回避黄色。总体来说，近代中原地区民间服饰倾向以我国传统五色中玄、赤、青三色为主，且色相纯度较高。

（一）尚青

五色之中，颜色词"青"字晚出，迄今在甲骨文中尚未发现。有人认为，古人常常将"青"与"黑（苍）""绿""蓝"混用❶。"青"泛指深绿色或浅蓝色、靛蓝色，青以及中性绿色为主的蓝绿冷色调。青的颜色一般是由蓝草制靛染成的一种蓝色，青取之于蓝而胜于蓝。青色与五行中的"木"字相对应，传说"青"字来源于井中的清水，是与生物发育成长相关的吉祥色。

中原地区民间服饰蓝绿冷色调占总体比例的38%，特别是上衣中蓝绿色调所占比例极高。中原有着诸多的植物染料，据说在夏商时期，中原百姓就开始采集蓝草，靛蓝应是应用最早的一种，色泽浓艳。时至今日，在中原偏远的农村仍可看到身着自染的靛蓝面料缝制的服装的农家妇女。中原地区百姓最喜欢青的质朴稳重、轻快爽神，多用蓝印花布制作袄、褂等上衣。五色体系中的青色主要包括青、蓝、绿等，青色是阶级制定色彩等级制中最底层的颜色，中原地区最底层人民服色的基本色以青色为主是对统治制度和色彩文化内涵上的延续和继承。

（二）尚红

"赤"指红色，比朱色稍暗的颜色，红色在汉族传统文化中表达了生命、吉祥、辟邪、驱灾等，远远超出了色彩本身的自然属性，除了具有一定的喜庆意味外，我国几千年文化的传承，赋予红色鲜明的文化特征，形成了具有代表性的"中国红"文化。

实物分析发现，红色为主体的中原民间服装占总数的39%左右。其中，女性服饰以各种明度和纯度不同的红色为主要表现色调，其中红裙占57%，红裤占46%，红鞋占总数的43%。长期以来，在生产生活中，中原民间百姓形成了诸多约定俗成的习惯范式，并世代相传。在这些民俗及宗教信仰中，红色发挥了极大

❶　孟宪明，吴柏林. 遵时尚黑求松——中原民间服饰特点及其成因［J］. 民俗研究，总第43期1997，7（3）：75-77.

的功用：红色棉袄、红色马面裙是新娘的婚礼服；在南阳、豫西和豫北地区，许多老年人日常腰间要扎一红裤带以"避灾祛邪"；人逢本命之年，在身上系扎或佩带红色丝带、布条，或身穿红色袄裤鞋袜可以驱除灾难；娇贵家男孩子"穿十二红"等。

（三）尚黑与忌黑

玄即黑色，是五色之母，所以黑色中又蕴含五色，超越生死，支配万物。中原民间服饰倾向黑色的原因是十分深奥的：首先，与中原地区道教文化的影响密不可分，"道生万物，水亦生万物，水深色必玄"；其次，我国古代政治遗存中，夏尚黑，宗庙又叫"玄堂"，周天子行祭礼，服"玄衣""玄冕"❶；最后，黑色比较实用，易于染色，可作为颜料的东西又多。在经济欠富裕的年代，俭朴的百姓常用麻秆灰、锅煤灰等简单易得的材料染制黑色布料，为服装采用黑色提供了物质基础。

中原地区汉族民间服饰中黑色是常见的服色，特别是男性服饰品中。男性褂、袍、鞋等服饰品几乎都为黑或黑蓝色。但在女性服饰中黑色使用颇有禁忌，相对较少，特别是裙、绣鞋等礼仪服饰品种，黑色颇有争议。洛阳地方史志资料记载，妇女穿黑裙为"寡妇裙"。在中原部分地区，黑色同白色一样，具有丧葬色彩的意味。特别是近代以来，丧葬服饰简化，参加亡人悼唁仪式的亲眷、访客需着黑色或深色服装，戴黑袖箍。

色彩是一种客观物质存在，由于认识主体所处的民族及地区差异对同一色彩的情感体验也会有区别，由此说明色彩具有明显的地域特征❷。中原地区色彩倾向鲜明，服饰色彩习俗与信仰保留相对完整，寓意丰富。例如，河南安阳内乡县夏馆一带深山区，妇女外出要头顶红色手巾，肩搭紫色手巾，左胸前缀一白色手巾，手还要拿上绿色手巾，认为这样头顶"红云"，"紫气"临身，"白玉"佩胸，手执"如意"，可"祛恶避邪"，俗称此为"彩巾饰"❸。河南漯河等地区至今仍留存着孩子姑姑需要送满月宝宝三双不同颜色鞋子的习俗，对其色彩寓意解释是："头双蓝（即第一双为蓝色，取谐音拦子不夭折），二双红（即红色可以免灾、辟邪），三双紫（意味着儿童长大成人）。"

❶ 梁一儒. 民族审美心理学概论［M］. 西宁：青海人民美术出版社，1994年：193.
❷ 徐茂松. 清末民初女子绣花鞋的形制与文化内涵研究［D］. 保定：河北大学，2011.
❸ 睢县地方史志编纂委员会. 睢县志第十五编·社会［M］. 郑州：中州古籍出版社，1989年5月：452–453.

三、中原汉族民间服饰图案色彩配比

民间服饰图案及工艺辅助用色同样是服饰色彩重要的组成部分。在表5-1近代中原地区民间服饰主色分布统计基础上，依次选取黑、暖色调红、冷色调红、靛蓝、白色为底色刺绣纹样色，并包含植物、动物、人物等不同纹样题材，得出表5-2近代中原地区民间服饰刺绣纹样配色举例。

分析发现，以黑色为底的装饰纹样中，其纹样色彩饱和度较高，对比鲜明。相比之下，以白、粉红、果绿等明度较高或纯度较低的底色中，其装饰纹样色彩同样比较淡雅。另外，中原民间传统服饰用色纯度较高，搭配浓烈的刺绣纹样色彩，冷暖色的纵深空间感得到凸显，对比强烈。为减少这种不适，"色彩推移"是纹样配色常用的方法，巧妙运用明度、纯度提升与降落。刺绣纹样色彩配比与纹样题材相契合，通过花卉、枝叶、动物羽毛、山石色彩渐变推移，达到层次的递进，协调刺绣用色与底色面积配比关系。利用黑、白、灰等无彩色的边缘装饰调和，获得视觉上的平衡，从而形成中原民间服饰装饰图案整体色彩热情奔放，浓烈鲜明，又不失和谐，极具个性的效果。

表5-2　近代中原地区民间服饰刺绣纹样配色举例

纹样名称	"鱼戏莲"	"龙凤"	"因合得偶"	"四君子"	"瓜瓞绵绵"
实物	荷包	荷包	荷包	绣鞋	肚兜
实物图像					
主色					
色彩搭配					

工艺辅助用色亦是服饰配色非常重要的组成部分，主要是指服装中拼、镶、补、贴等边缘或内部结构线用色，大致可分为三种：其一，黑色、金色、银色、米色、灰色、藏蓝色、深红色等纯色布帛；其二，成品二方连续图案花边，色彩倾向于不饱和的灰色；其三，为镶嵌丝线用色，多为明度和亮度较高的珠光色。工艺辅助用色起到调和服饰色彩的作用，如单一主色调服饰中，采用花边或彩色丝线能点亮装饰整体；浅底色搭配深色缘饰，或使用深底色搭配浅色缘饰，产生

对比鲜明的效果。

服色文化是复杂的、多样的，潜移默化地指导着现代社会与现代生活而不为人知。中原地区传统民间服饰用色单纯浓烈，倾向于赤、玄、青三个主色范围，无彩色工艺辅助用色为搭配色与点缀色，以色彩渐变缓解视觉碰撞，使整体设色和谐统一。中原地区处于黄河中下游，是我国东部平原向西部丘陵山区的过渡地区。西部距离黄土高原不远，东部又处在华北平原上面，因此中原地理色彩自东向西，葱葱郁郁化为一派黄土高原焦黄的基调。洛川地区衔接陕西秦陇为灰黄的背景，逐渐单调的环境唤起人们丰富的精神色彩，服饰浓烈的色彩补充环境色的不足，色彩趋向整体浓艳明亮局部均衡和谐的特点。

第二节　中原汉族民间服饰材料

通过对中原地区民间服饰传世品实物分析，如表5-3所示，近代中原地区民间服饰面料材质主要以天然纤维棉、麻、丝为主，根据文献资料记载，皮、毛等动物纤维制品也有穿用，但比较少。棉质与丝绸面料居多，部分面料还有同色或多色提花、印花等图案。中原民间多地丧葬服饰多用麻类面料，因此日常服饰中麻质面料使用相对较少。袄、褂、衫等服饰品中，棉与丝绸所占比例近似，袍、裙等礼仪性较强的服饰品中，丝织品的比例明显较高，特别是妇女马面裙、凤尾裙等婚嫁礼仪服饰，丝织品的比例在80%以上。由此可见，民间服饰中，因服饰面料材质因服饰品类及着装场合不同而具有明显差异。实物分析发现，民间服饰即便主体面料采用丝绸，腰头、里料等任何被遮挡的部位仍大多采用棉质面料，这与中原地区物产条件以及民间服饰实用性、百姓造物坚持节俭的原则密不可分。1923年《上海总商会月报》❶对全国纺织业各埠商情统计："河南土质多含沙碱，气候干燥，制桑事业颇不发达，以故所产之丝远不若江浙之色泽，此系地理使然，非人力可操胜全也。"中原民间日常服饰以棉质材料为主。这些面料全靠妇女双手劳作，起五更，睡半夜，孤灯如豆，棉絮在手如蚕吐丝，能纺出又细又均匀的线，浆线上机，脚忙手快而有节奏，能织出又平又光的白布，乃至二三色的横竖条纹或方格子花布。农村女子从小就要由母亲或姑嫂教会纺花织布，不会纺织女红，在农村寻婆家也难。

❶　商情：各埠商情. 河南：中国纺织之业［J］. 上海总商会月报，1923，3（5）：23-24.

表5-3　近代中原地区民间服饰面料材质统计表

品种	总数（件）	材料	数量（件）	占比例	面料图案特征
袄、褂、衫	116	棉	47	40.5%	织锦、提花、条纹、格子、印花
		麻	8	6.9%	
		丝	46	39.7%	
		棉麻混纺	15	12.9%	
袍、旗袍	12	棉	5	41.7%	织锦、提花、暗纹
		丝	7	58.3%	
裤	18	棉	6	33.3%	提花、暗纹
		丝	12	66.7%	
裙	85	棉	2	2.4%	提花、暗纹
		丝	83	97.6%	

　　清末至民国时期，中原地区不同阶层的居民在衣服材料和数量上的差别很大。农民的常服衣料是家织棉布，从弹花、纺线、浆线、络线、上机、织布、印染等全过程均由农家自己完成，所以称"家织布"，俗称粗布、土布、大布❶。一般居民以粗布为主，过节或赶会也备有出门用的细布衣。而城镇内官吏商贾和行会中人，多以绸、绫、缎、皮等为衣料，教师、戏班、妓女、招待和一些公职人员主要用平纹细布料，间或有绸、缎等。平时城镇学校的童子军服也是平纹细衣，女生的上衣、下裙也为平纹细布。细布是指当时机械纺织的平纹或斜纹布，老百姓又称之为"市布""洋布"❷。20世纪30年代被老百姓称为"洋布"的织贡呢、黑市布、花丝葛等平纹、斜纹机织布大量上市，富裕之家开始使用这种布料，也有直接购买成衣的，谓之"买细衣"或"买细色衣裳"。

　　20世纪30年代前期，民族工业复兴，河南纺织业得到了一定程度的发展，特别是纺纱及仿制"洋布"业。民国时期，中原各纺织工厂以棉织物为主要原料，"原料取给便而获利优"。成品种类较多，涉及灰提花布、各色平布、漂白布、杂色布、本色方格布、虾青布、黑丝光布、白单纱布、袍料布、花被面、各色毛毯、各色线毯、卧椅面等项。丝绸织物、毛织物的发展仍以家庭零星作业为主，

❶　洛阳地方史志编纂委员. 洛阳市志·第十七卷·人民生活志［M］. 郑州：中州古籍出版社，1999年12月：15-16，179.

❷　陕县地方史志编纂委员会. 陕县志［M］. 郑州：河南人民出版社，1988年12月：607-608.

"产丝各县，其养蚕之家，类能制丝织绸。乡间农隙之时，几乎家家设机自织，零星散漫"。丝绸制品虽未形成产业，但中原各地形成了地域特色与代表性的丝织品，不仅为当地人所用，晋商在河南各处设庄收买，连销俄蒙陕鲁等地，年销售额至数百万❶。例如：开封的汴绸、汴绫，商丘万寿绸，鲁山一代野生柞蚕丝织成的"鲁山绸"——"饲以橡叶，丝质粗，且含胶性，华丽虽不足，而坚韧有余"。

近代以来，虽然频发的自然灾害及连年战乱给河南地区纺织业发展带来了重创，但棉花种植及桑蚕业的普及为纺织业资本萌芽提供了充足的物质条件，资本工业的发展则降低了民间服饰革新的成本，加快了民间服饰品由传统向西式转换的速度。

第三节　中原汉族民间服饰装饰技艺

我国传统服饰制作技艺历史悠久，包含裁剪、缝合、装饰、熨烫等，工序复杂，工艺精湛，尤其清中后期，服饰制作追求细密繁缛、精工细作，镶、绲、嵌、绣、补等装饰工艺应用广泛。本书从具有代表性的中原民间刺绣及缘饰技艺为切入点，对中原民间服饰装饰技艺进行考证。

一、刺绣技艺

在我国古人将刺绣称为"女红""女工"，作为衡量女性品德修养的标准之一。中原地区刺绣起源较早，唐宋时期已发展到一定的高度。唐太宗时期内职官中已有"绣帅"一职，专门负责纺织和刺绣的管理。北宋时，汴京（今河南开封）作为国家首都，人口达150多万，与人们生活关系密切的纺织业、煮染业十分发达。当时，官府专设的绫锦院有400张机，1000多名工匠，专门制造绫锦和绢，文绣院有绣工300多人，官营的纺织刺绣业已成规模❷。浙江、四川、湖州等地选拔上来的绫锦绣工汇聚汴京，刺绣最初以服务皇室贵族为目的，后来逐步扩展到民间，北宋时期刺绣成为重要的手工业之一。中原民间刺绣正是起源于北宋，不仅京城刺绣水平非常高，整个中原乃至全国都受其影响。明代董其昌《筠

❶　商情：各埠商情. 河南：中国纺织之业［J］. 上海总商会月报，1923，3（5）：23-24.
❷　开封市地方史志编纂委员会. 开封市志·第三十六卷·民俗［M］. 北京：北京燕山出版社，1999年10月：322-323，339-341.

清轩秘录》载："宋人之绣，针线细密，用绒一二丝，用针如发，细者为之，设色精妙，光彩射目。山水分远近之趣味，楼阁得深邃之体，人物具瞻眺生动之情，花鸟极绰约嗫嗒之态，佳者较画更甚。"北宋灭亡，宋室南迁，原本那些服务统治阶级的刺绣匠人有的随皇室南迁，有的落地生根，回归乡野，极大提高了中原地区民间刺绣的水平。

中原地区民间刺绣发展可分为两个方面：其一，以装饰性为主，画与绣相结合，源于佛像刺绣，后来逐步转化为以模仿名人字画为主的工艺品刺绣；其二，以实用性为主，目的是美化服装及日用品，坚持传情达意的功能。近代中原军阀混战，经济凋敝，民不聊生。因此，民间刺绣以实用功能为主，多为服饰或生活用品，最为精致的当为婚嫁类服饰品，只有极少数供欣赏的手工刺绣。针法是刺绣艺术中最重要的形式语言，每种针法都有独特的运针方式和特点，结构不同，视觉效果就不同。粗而短的线拙质，细而长的线秀丽，弧线、曲线柔美，直线、几何线条刚硬。根据刺绣视觉效果，将近代中原民间刺绣针法分为平面绣、浅浮雕绣以及变体绣三种类型，如表5-4所示。

表5-4 近代中原汉族民间服饰常见刺绣工艺

类型		艺术效果	适用纹样题材
平面绣	平针绣	平、齐、光、亮、净	适应度广，花卉、植物枝叶、人物等
	散套绣	色阶过渡自然柔和，物象生动	鸟类、花卉
	齐套绣	绣线平行规整，边缘整齐，精细的色块间还留有水路	花瓣、叶片、蝴蝶
	画绣	图案逼真颇具艺术效果	花卉、鸟类等
	盘金绣	针线盘旋，美化、调和色彩	龙凤、动物、植物
浅浮雕绣	滚针绣	针针相缠，结合紧密，不露针迹，转折自然、细腻	水纹、云纹、柳条、动物眼睛、毛发
	打籽绣	籽粒细小、圆润、排列自如，坚固耐磨	花蕊、果实
	辫子绣	凹凸有致，浅浮雕效果	动物、植物根茎、人物、水波纹等
	网针绣	规律整齐、严谨庄重	石榴果实、方格、三角、回纹等纹理的图案
	纳针绣	图案紧实、牢固耐磨	金鱼、蝴蝶、凤等动物、树叶、卷草等植物
变体绣	包针绣	边缘整齐，先垫后包，半立体绣	花卉、动物、植物
	贴补绣	图案生动更具观赏性和浮雕感	花卉、动物等单纯形象图案

续表

类型		艺术效果	适用纹样题材
变体绣	堆绫绣	色彩丰富、立体感强	动物、植物、人物
	垫绣	突破层次局限，画面空间感强	动物、植物
	挖补绣	精致剔透，装饰效果强	花卉、钱币、符号等
	钉珠绣	细致精巧	花卉、植物

　　由表5-4可知，平面绣绣面整齐光洁、均匀平顺，常见的有平针绣、散套绣、齐套绣、盘金绣以及中原特色的画绣法。平针绣是最基本的针法之一，从而能够演变出多种针法，要求线迹平行、均匀平直。散套绣是"套针"绣的一种，将绣线分为数批，批批相套即为套针，散套因针脚参差不齐又叫"掺针"，所绣图案色阶过渡自然而柔和，物象生动，常用来表现花卉和鸟类（图5-3）。齐套绣与散套绣类似，但绣线排列平行规整，用块面颜色由深至浅的变化构成图案，工艺精细在色块间留出"水路"，形成块面间虚实相间的感觉，常用来表现花卉、蝴蝶等动植物图案（图5-4）。画绣又称绘绣，是中原地区比较多见的刺绣手法，一般可分为两种形式："先绣再画"，如图5-5所示在已经绣好的纹样上，点画出花卉、鸟类羽毛晕染渐变的层次感；"先画再绣"即在已画好的布帛上取与画面色彩相同的绣线，在画面上运针（图5-6）。盘金绣又叫"钉金绣"，用金银线按照画面所需形象的走势盘一个轮廓线或者盘

图5-3　散套绣

图5-4　齐套绣

图5-5　画绣莲花纹样

线做一个画面，并用细线固定住金线，多用在装饰比较华丽的服饰品中，如女性婚礼服饰云肩、眉勒等（图5-7）。

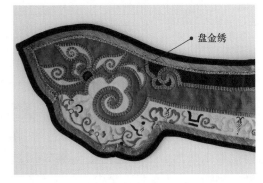

图5-6　画绣牡丹纹样　　　　　　　　　　　图5-7　盘金绣

浅浮雕绣，即通过绣线的编结、绕系以及叠加，使绣面紧实，有凹凸感，如滚针绣、打籽绣、辫子绣、网针绣、纳针绣等。滚针绣又叫"盘针绣""曲针绣"，针针相缠，结合紧密，不露针迹，转折自然，细致美观，多用于表现水波纹、云纹、昆虫触角等（图5-8）。打籽绣是将绣线在针上绕一圈，再扎在底料上，再将其从后面抽出，形成疙瘩小结。由于每个籽粒细小，排列自如，能够灵活表现点、线、面的关系，应用广泛（图5-9）。有学者认为辫子绣是刺绣中最古老的针法，一般有两种形式：其一，一针从另一针预留的锁套中穿出，环环相套，如锁链一般，也可以称作"锁绣"［图5-10（a）］；其二，先将丝绒线编成股数不等形如发辫的细绳，然后用这些细绳按照一定的走向进行堆绣［图5-10（b）］。网针绣非常适合表现方格、回纹、三角、菱形等几何形式，画面整齐、严谨。网针绣自元代起开始用于刺绣，以各种几何形的网格来表现图

图5-8　滚针绣　　　　　　　　　　　　　图5-9　打籽绣

(a)

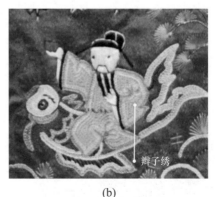
(b)

图5-10　辫子绣

案，有时可在这些几何形内加绣其他几何形状，清代较为流行，特别是在小件绣品上，耐用性强。中原民间服饰中多用网针绣表现如石榴、花篮等植物果实形象（图5-11）。纳针绣是指先将色线按所需图案铺满地，再在铺好底图上绣出所需花样，多用来表现动物、植物的纹路，人物的五官等（图5-12、图5-13）。

图5-11　网针绣

图5-12　纳针绣

变体绣，即半立体绣的一种形式，将贴、补、挖、垫等工艺手法与刺绣相结合，主要包括包针绣、贴补绣、堆绫绣、垫绣等。包针绣，采用先垫后包的方法运针，首先采用较粗的线直针刺绣使图案凸起，然后在凸起的绣线上左右横向将其包裹住，不可露出底线，刺绣图案具有很强的立体感，多用以刺绣花卉、动植物等纹样（图5-13、图5-14）。贴补绣，通常是指将各种质料、不同颜色与形状的布块进行粘贴、堆积、拼接缝制的工艺，在中原民间流传极广，简单而易做，实用性强，能够有效利用有限的物质材料（图5-15）。堆绫绣是在贴补绣的基础上，绣面多层叠堆及布贴形成的装饰，形式多样。有单色、彩色堆补、嵌物堆补等形式，装饰风格或精致，或粗犷，各有千秋。垫绣，又可叫"包花绣"或"包纸绣"。根据画面需要先将预期想要凸出的部分用棉花、纸、毛毡、布头等填充出立体效果，然后在凸起的画面上进行有目的的绣制。垫绣是半立体刺绣中较为典型的一种，突破以线条表现层次的局限，使画面更有空间感，多用作帽子、眉勒等装饰物（图5-16）。

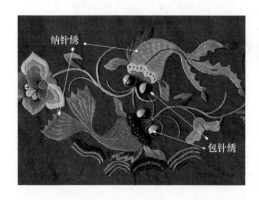

图5-13　纳针绣与包针绣

图5-14　包针绣

图5-15　贴补绣

图5-16　垫绣

除去刺绣针法，绣线及面料材质对绣品风格同样起决定性的作用，如图5-17、图5-18所示，同为"凤戏牡丹"纹样，前者采用棉线包针绣、网针绣工艺，整体风格简洁质朴，充满趣味，后者采用丝线平针绣、齐套绣，牡丹花叶、凤凰羽片之间留有水路，绣面平整，细致精巧。中原民间服饰中棉线绣占比重较大，且采用针线紧密结实，具有浅浮雕效果的辫子绣、锁绣、打籽绣等针法较多，我国南方地区则多采用平针绣或套针绣。这与中原地区地理气候干燥，服饰品清洗不如江浙频繁，对服饰品耐磨性要求高，中原地区丝绸产量较少，民间服饰品多以实用为目的等因素有关。近代中原地区民间刺绣受宋绣影响较大，刺绣种类多样，工艺精湛与江浙地区苏绣技法相通。受到周边不同地域文化的影响，中原范围内刺绣装饰工艺风格差异明显，例如，豫北与三晋文化区相邻，且相对富硕，刺绣风格雅致；豫西陕县、灵宝等地与陕西秦陇地区文化相通，刺绣材料以棉线为主，风格粗犷。由此可见，不同文化间的交流与相互影响是形成中原民间服饰艺术表现多样性的基础。

图5-17　棉线绣"凤戏牡丹"纹样

图5-18　丝绣"凤戏牡丹"纹样

二、缘饰技艺

缘饰，主要指服装领围、袖口、底摆、侧缝等边缘处理工艺。《辞海》中有这样的解释：颜师古注："缘饰者，譬之于衣加纯缘者。纯缘，镶边。"姜《角招》词序："稍以儒雅缘饰。"当缘读'院'时，指衣服边上的镶缒。缘饰最初的用途，是为了增加衣服的牢度。因为古时服装用料轻薄，一无骨架，二不耐穿，尤其是领、袖、襟裾等部位，更容易磨损，必须用厚实的料子（如织锦）镶沿。

清朝初期，妇女衣领袖口镶边等装饰较窄，颜色素雅。即便是时髦的优伶之辈，也不过"用生色倭缎漳绒等缘其衣边"而已[1]。清中后期，服装边缘装饰极

---

❶　王晖，试论我国传统服饰缘饰的内涵［J］，中国纤检，2007，24（12）：60-63.

尽奢靡。人们看重服饰边缘装饰的审美意义多于实用价值，花边越绲越多，衣缘越来越宽，从三镶三绲、五镶五绲发展到"十八镶绲"。从上至下，领围加褙、袄开衩处以如意云纹头装饰，袖口加缀一层又一层的袖头，远看像穿了好几件衣服，边饰越来越丰富，到了异常烦琐复杂的状态。特别是云肩等婚庆礼仪服饰中，装饰更甚。如图5-19所示，在连缀式云肩一方绣片上，共有包、镶花边三种，裸粉、姜黄、果绿、金等粗细不同、装饰线六种，组成莲花瓣的小绣片被装饰花边、镶线层层包围，几乎看不到绣片底色。因此，缘饰工艺是近代民间服饰装饰工艺的一大特色，包括贴缝、绲边、镶边等工艺手法。

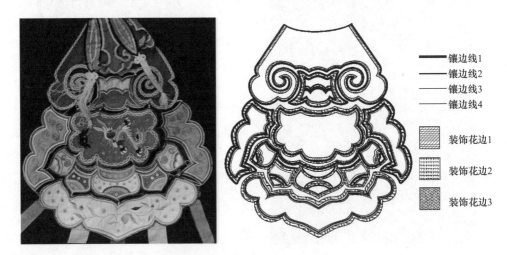

镶边线1
镶边线2
镶边线3
镶边线4

装饰花边1

装饰花边2

装饰花边3

图5-19　云肩局部及结构线描图

贴缝是指用另外一块面料或花边在服装边缘缝合，使边缘外观光洁、平整，满足各种弧度转折的需要。按照贴缝的位置可将其细分为内贴和外贴两种。内贴是里料缝合最主要的方式，中原民间百姓形成了尽可能节省的造物理念，里料多用相对便宜且柔软的面料。里料沿着服饰边缘形状向内扣烫，用暗缲针与翻折的正面布边缝合（图5-20）。外贴缝工艺多为将花边折烫后与向外翻折的本布边缘在服装

暗缲针

图5-20　内贴缝实物图

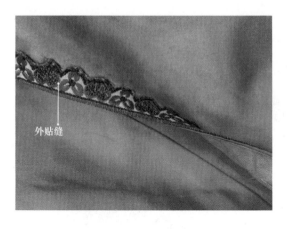

图5-21　外贴缝实物图

正面缝合的方法，不仅满足了收拢边缘的实用需求，同时增强了艺术美感（图5-21）。

绳边也叫包边，指用45°斜丝布条熨烫后镶沿在服装边缘，包裹缝头，增加牢度。民间服饰绳边所用面料多为区别于本布的其他面料或成品花边。采用布帛绳边，需将绳边布条折缝扣烫，花边则一般不需要进行折烫。绳边工艺的特点是服装的正反面，边缘光洁、整齐、牢固，适合任何弧度的造型。绳边依照宽窄可分为：阔绳、狭绳、细香绳三种类型。绳边宽度在0.5cm的称为"阔绳"，0.2～0.3cm为"狭绳"，宽度小于0.2cm为"细香绳"。阔绳不适合弧度较陡的布边，为了增加绳边的宽度，如图5-22所示，将两层或多层绳边叠加起来，形成多层绳边的视觉效果。选择不同质地和颜色的绳边面料，比单层绳边更具层次感，在增加绳边宽度的同时，使边缘扁平、服帖。

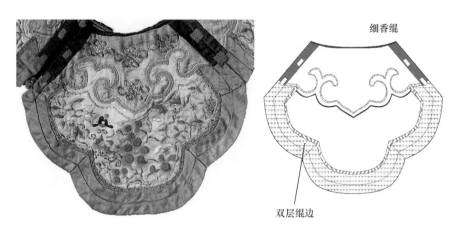

图5-22　双层绳边结构示意图

镶边是指用布帛、花边、织带、丝线等材料沿衣身边缘或内部结构线镶缝的工艺。服饰边缘大多已内折或用绳边、贴缝等处理好缝头，因此镶边以装饰意义为重。材料以花边和彩色线为主。按照镶边数量，分为单条镶和多条镶，配合包边、贴缝、嵌线等工艺手法混合使用，形成繁复精巧的视觉效果。如图5-23所示，衣身门襟处如意云纹贴边装饰，外围镶2cm织锦花边装饰，成为整件服装的装饰亮点；又如图5-24所示，领围至门襟处随包边嵌入0.3cm对比色镶边，丰富了服装的色彩与层次感，制作华丽精美，一丝不苟。

图5-23　如意云纹贴边、镶边　　　　　　　图5-24　镶嵌

中原民间服饰中除贴、绲、镶等基本缘饰工艺以外，在云肩、帽、眉勒等造型边缘曲线丰富的服饰品种，还会采用盘金、锁绣等刺绣工艺与边缘处理相结合的方式，达到一举两得，实用审美兼具的装饰效果。如图5-25所示，沿云肩中蝙蝠形状绣片边缘镶缝黑底绣花织带，织带内侧排三根金属丝线，后以细线固定。究其原因，云肩、眉勒多小绣片连缀而成，绣片形状各异，采用硬度比布帛、花边较高的金属丝线固定边缘，构建骨架，起到塑型的作用。

传统造物思想认为没有缘饰的衣服无法像外衣一样，难登大雅之堂❶。我国传统服饰以平面结构加缘饰为主要特征，自唐代以来就有"衣做绣，锦为缘"的说法❷，缘饰工艺从服饰加工的实用功能出发，经过数代的变迁，清代晚期，已经淡化了其实用功能的范畴，成为一种有理、有序的装饰形式，具有"加固服饰造型，塑造曲线""遮丑藏拙，协调服饰色彩""锦上添花，着重装饰"的功用。随着近代服饰材料不断丰富，各式花边应运而生，如塑料制的缀珠、亮片（图5-26），甚至有专门的花边售卖店。人们逐渐改变了传统服装制作方式，

❶　杜钰洲，缪良云. 中国衣经［M］. 上海：上海文化出版社，2000：381.

❷　商情：各埠商情. 河南：中国纺织之业［J］. 上海总商会月报，1923，3（5）：23-24.

盘金

图5-25　绣片边缘盘金工艺

图5-26　亮片绣花卉

民间服饰品中刺绣的面积逐渐减少，只需以素色面料制成服装，再钉上五彩缤纷的花边即可。这不仅大大减少制衣的时间和成本，又不影响美观，工艺也日趋简洁，受到广大妇女的欢迎。民国以后，这种传统衣缘装饰形式由于工业时代的到来而走向隐没，装饰空间的消失，使得合体的衣身结构缘饰不再有出现的位置，巧妙精美的缘饰也随之淡出了人们的生活。

　　总的来说，服饰色彩是构成服饰三大视觉要素之一，相比形制与面料两要素更具视觉冲击力。中原民间服饰用色遵循我国传统"五色"观念，更倾向于"青""红""黑"三种色彩，这与中原地区所处的地理色彩环境、文化积淀及民间习俗密切相关。中原服饰用色习俗特别是儿童服饰色彩选择沿用至今，保存相对完整。

　　服饰材料的更新是一切服饰特征转换的基础，中原近代民间服饰材料与其地区自然环境、物产资源、社会环境以及技术文明程度、制度文化等密切相关，具有特殊时代背景下唯一性的特征。近代中原汉族民间服饰材料的材质主要以天然纤维棉、麻、丝为主，日常着装与礼仪服饰材料区分较大。

　　服饰装饰工艺的审美创造意识和功能不仅是一直存在的，亦是民间地域文化的一个重要部分，即追求邻里乡亲们认同的一种共性，又表现最鲜明地域个性。其中，典型的装饰工艺刺绣在继承宋绣技艺基础上，因刺绣材料与临近文化区域的影响，近代中原刺绣表现出差异化的风格特征。

第六章 近代中原地区汉族民间服饰变迁

服饰作为一种物质与精神文化现象，总是紧紧连动着时代的脉搏。在近代社会动荡多变的现实生活中，人们着装冲破了呆滞单调的礼制束缚，审美观念、消费观念、生活习俗、精神信仰，突破服制禁忌的着装现象尤为普遍，呈现出异常复杂、光怪陆离的状况。

第一节 中原汉族民间服饰变迁概述

中原地区地处我国政治、经济文化中心，是我国汉民族主要聚居区域，在长期的生产生活以及朝代更替中形成了区别于其他民族的汉族服饰体系。将服饰作为载体维护以"尊卑、贵贱"为主旨封建等级制度，是历代统治阶级维护专制统治的一个重要手段。明朝，为恢复汉家正统，针对当时的社会现实，统治者对君臣士庶的各种行为皆依等级的尊卑高下示以严格的规定，对民间百姓的常服更加严苛，甚至女子在室内的着装也有规定，不许"僭分"❶。明朝中叶，农民和手工业者所生产的棉花、生丝、绸缎及手工艺品成为重要的商品，商品经济日益发达。官员燕居、富硕商贾追求生活上的极尽奢华，服饰侈靡之风盛行，同时也使汉族民间服饰的艺术造诣达到了前所未有的制高点。

清朝之初，为达到统治和征服中原的象征，满清政权针对汉族颁布"剃发易服"政策，要求汉人必须服从满族发饰和服饰制度，导致汉族服饰历史上一次重要的变装运动❷。随着满汉剧烈的社会冲突以及"反清复明"运动的高涨，清政

---

❶ 李美霞. 明代服饰流变探究［J］. 天津工业大学学报，2002，25（5）：37–39.

❷ 崔荣荣，牛犁. 清代汉族服饰变革与社会变迁（1616～1840年）［J］. 艺术设计研究，2015，23（1）：49–53.

府颁发"十从十不从"折中的服饰政策:"男从女不从,生从死不从,阳从阴不从,官从隶不从,老从少不从,儒从释道不从,娼从而优伶不从,国号从官号不从……"这个相对缓和的政策使得汉族传统的女性服饰、儿童服饰、庶民服饰得以保留。在《中国古代服饰研究》中,沈从文先生对清初《康熙耕织图》里庶民服饰的描述:"妇女野老和妇女工农普遍服装,却和明代尤多类同处,并无显著区别。死后殉葬,更多沿用旧礼。"❶满清政权统治的二百年间,汉族庶民百姓及女子服饰款式基本上还是沿袭明朝的"上衣下裳"的形式,但满汉长期杂居使得汉族民间服饰呈现满汉杂糅的特点,例如,依照"男从女不从"的规定,汉族男子着袍服和马褂,有棉、麻、绸、缎、裘皮等各种材料,汉民族将原来服饰系带的闭合方式换成满族常用布扣和鎏金扣,极大丰富了汉族服饰的面貌。

1840年鸦片战争使得中国的大门被迫打开,我国传统社会生活方式受到巨大的影响。在辛亥革命、新文化运动、五四运动等一系列社会活动作用下,中原民间着装形式跟随大潮流发生变化,民间服饰秩序被迫重构。

第二节 中原汉族民间服饰艺术特征变迁

一、服饰形制与结构改良

从服饰整体造型来看,以"宽大、肥硕、连身、平袖、直腰"为特征的平面结构逐步被凸显人体形态的"窄衣、窄袖、短小、立体"的西式裁剪所代替❷。以妇女服饰为例,如图6-1所示,传统女袄袖口、衣身宽大,逐步改良为以下两种形式:其一,如图6-2所示,袖肥、袖口宽及胸围逐步变窄,衣长缩短至腹部,底摆直角或圆弧形,短小精致;其二,如图6-3(a)所示,袖肥、袖口及胸围尺寸减小,衣长不变,呈现瘦长形,下装着裤或者裙。在传统袍服基础上,将袖片结构改为两片,分大小袖,腰部向内收敛,最终形成类似改良旗袍的样式[图6-3(b)]。20世纪20年代初的旗袍与清末相比差别并不大,长至膝盖,多在袍下穿裤。20年代末,旗袍更加强调腰身。30年代,旗袍的发展达到全盛时期,领子的高低、荷叶袖或喇叭袖,以及开衩的高度等细节的处理出现了多样的变化,夏天女性也着无袖或连肩袖的旗袍。文献及传世照片等资料中多有中原先进女性

❶ 沈从文. 中国古代服饰研究[M]. 上海:上海书店出版社,1997:489.
❷ 亓延,范雪荣,崔荣荣,礼教文化视野下的近代齐鲁服饰文化变迁[J],纺织学报,2010,31(3):104-110.

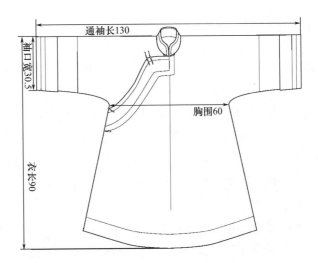

图6-1 传统女袄线描结构图（单位：cm）

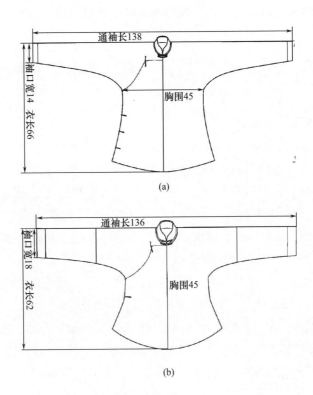

图6-2 修身女袄线描结构图（单位：cm）

穿着旗袍的记载，但在中原地区传世实物中，旗袍并不多见。由此可知，中原百姓对具有西式服装意味的服饰品，接受度具有明显的阶层及职业差异。

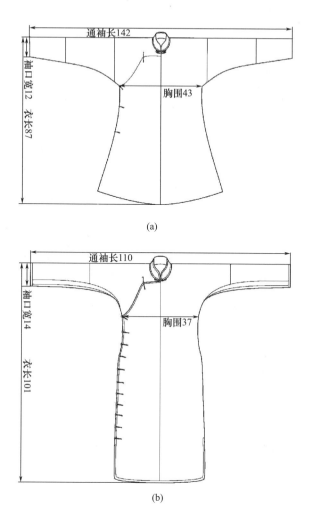

图6-3　修身女袍线描结构图（单位：cm）

　　妇女下装的变化更具代表性，以女裙为例，清末民初，裙为围系式在长裤和套裤之外，为正式场合的服饰。因此，妇女裙装结构及装饰相对复杂。如图6-4所示，马面裙为女性裙装基本样式，裙前后四方形马面多以适合纹样装饰精美。裙门两侧褶裥丰富，四周皆有缘饰，一条到多条不等，有些还在马面裙外系挂凤尾裙（图6-5）。李斗《扬州画舫录》卷九，记述了乾隆初期民间时装，"裙式以缎裁剪作条，每条绣花，两畔镶以金线，碎逗成裙，谓之凤尾[1]。"旧时，富贵人家妇女以此裙为礼服，河南地区又称凤尾裙为"裙带"，每条绣花卉、龙

❶　刘丹丹. 清末民国时期凤尾裙的研究及其创新应用［D］. 无锡，江南大学，2014年7月.

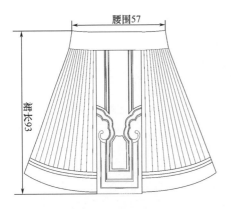

图6-4 马面裙线描结构图（单位：cm）

图6-5 凤尾裙线描结构图（单位：cm）

凤、八仙等纹样，有时还在裙上缀铃铛、流苏，极富流动的视觉美感，俗语形容"十带裙呛啷啷，木底鞋子咣哨哨"。

辛亥革命前后，随着女性社会活动增多，裙装变化较大，突出表现为：以装饰和礼仪为主的凤尾裙，因造型过于复杂，淡出人们的生活。马面裙装饰手法种类减少，镶边、贴边等装饰代替刺绣，有些妇女的裙子仅在下摆绣花卉图案，有些则几乎没有任何装饰。女裙结构也出现相应变化，如图6-6所示，马面裙侧裥道数减少，裙幅收紧，由两联渐渐变为一联裙幅。时至民国，妇女裙子马面结构已逐渐消失，裙腰上缘两端用带或扣，由围系变为套穿，类似现代穿着的裙子〔图6-6（c）〕，原来在裙子里的长裤也逐渐消失。裙装去掉了烦琐的装饰，淡化了礼仪服饰的功能，民国以后裙属于日常着装的范畴。

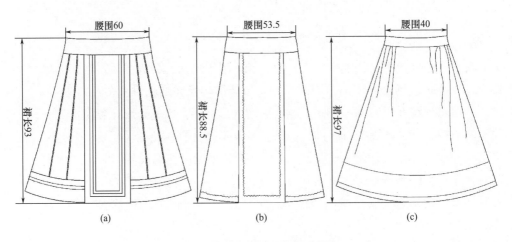

(a)   (b)   (c)

图6-6 中原裙装演变线描结构图（单位：cm）

　　总体来说，近代中原民间服饰虽保留了上衣下裳的传统形式和平面的服装结构，但衣身由宽大逐渐变窄，袖口逐步紧缩，整体形制由平面转向立体。

二、装饰图案流变

　　近代，外来文化对民间服饰的影响不仅表现在服饰形制的变化，其装饰工艺、图案也随工业进步新材料的丰富以及多元文化信息的渗透而多样。

　　从装饰工艺来看，由于服装形式的简化，可装饰面积大大减少。清末兴起的满绣、层层叠叠的镶绲装饰渐渐被以领、袖为主的局部装饰代替。服饰装饰图案的题材更加多元，图案内涵所体现的等级观念日渐模糊。如图6-7所示，江南大学传习馆2000年从河南洛阳地区收集近代中原绣鞋，鞋头装饰纹样为英文单词"colony policy"，翻译为中文"殖民地政策"。猜想制作者并不一定能够完全了解这两个单词的具体含义，或许只是随机看到觉得新鲜便绣于鞋面上。在我国鞋品收藏家钟漫天先生的藏品中，也有三寸金莲绣英文字母的实物，此共性足以说明中原地区民间百姓开始逐步接触到外来文化，虽不知其意，但可为之所用。随着绣鞋制作完成，外来文化将被身边更多的人所见，文化符号得到更广泛的传播。

图6-7　字母纹样绣鞋（江南大学传习馆藏）

　　清朝末年，服饰的等级制度日渐崩塌，清政府对服饰制度的规制监管逐步懈怠，中原民间服饰品工艺、装饰图案等级差异化日益淡薄。"金绣、彩绣、狐皮等僭越之物，富有之家也偶服用。"[1]又如，"海水江崖"纹作为古代显示王宫贵族地位的一种重要符号，被广泛应用在清代皇帝、后妃、皇太子等皇族成员穿着的服饰品中，不仅具有装饰作用，更多的是作为统治者权力的象征，寓意帝王一统山河的权威。通过对中原地区民间服饰实物研究发现，如图6-8、图6-9、图6-10所示，裤、肚兜、鞋，特别是马面裙中大量使用"海水江崖"纹。在严格的服饰制度下，民间百姓服饰中绝对不会出现此类纹样，否则就是犯了僭越的大罪。皇族成员所穿

图6-8　"海水江崖"纹绣鞋（江南大学传习馆藏）

---

❶　袁熹. 冲破禁忌之后的晚清服饰［J］. 工会信息，2016，6（2）：29-31.

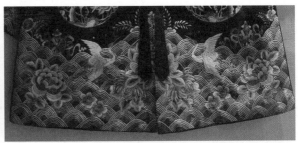

图6-9　"海水江崖"纹褂（河南省博物院藏）

图6-10　裙装中的"海水江崖"纹样
（江南大学传习馆、中原工学院服饰文化与设计中心藏）

袍服中"海水江崖"纹一般由"立水纹""平水纹""山崖纹""八宝纹"构成，造型复杂、层次丰富。民间百姓将此类纹样进行简化，巧妙规避风险，同一件服饰品中，不完全出现龙袍中"海水江崖"纹的所有元素，保留其形，效仿皇家贵族通达富贵之意。

三、服饰色彩与工艺变革

我国汉民族素来以"礼"治天下，上至帝王祭祀，下至百姓婚嫁，必须有与之相对应的仪式，历代《舆服志》皆对服饰色彩有所规制。封建社会几千年，服饰"尊礼施色"的宗旨从未改变，色彩的符号意义与社会属性远大于审美意义及艺术属性，服色的选择较少从色彩本身的美感出发，须服从于礼制❶。封建政权要求"尊礼施色"，由官方至民间均有一套服饰色彩规范，清政府制订了一系列有关僭越服制依律治罪的条例，处罚十分严厉。

　　历来色彩都是服饰流行变化最显著的因素。通过对近代中原地区民间服饰品实物考析发现，突破服色禁忌与传统用色习俗的着装现象尤为普遍，服饰色彩的等级礼制观念转向由个人审美而定。例如，黄色为满清皇家用色，民间任何服饰品中均不得使用，民间多用橘色代替黄色。在85件妇女裙装中，12件拼接五色裙及凤尾裙中频频使用亮黄色。如图6-11所示，清末民国中原地区五色拼接裙，又叫"月华裙"，一褶之内，五色具备，将黄色夹杂裙色之中。在民间妇女的裙子不仅是较为正式的礼仪服饰，裙色也是区别家庭中身份地位的道德束缚。《南北看》❷记载："清末民初，裙子不仅是妇女礼服，还有嫡庶之分，正太太才能穿大红色，姨太太只能穿湖色、粉红和淡青色的裙子。"清末中原地区有些家庭恃宠而骄的侧室出门穿用大红裙、褶裥杂色的月华裙作以变通。可见色彩作为符号语言作用于人们心理活动的重要性。民国初年，为显示民主制度的优越性，国民政府参照外国服色标准，仅对公职人员礼服及制服色彩加以规制，1912年颁布《服制草案》规定，便服"暂听人民自由，不加限制"❸。

图6-11　月华裙❹

❶　刘姣姣，梁惠娥. 颜色的革命. 清末民初江南女性服色嬗变［J］. 美术与设计，2016，38（3）：164-168.

❷　唐鲁孙. 南北看［M］. 桂林：广西师范大学出版社，2004.

❸　法制局呈报拟就服制礼制草案请国务院提出会议呈由大总统交院议决文［N］. 政府公报，中华民国元年五月十六日，1912-5-6（37）.

❹　王支援，尚幼荣. 洛阳刺绣［M］. 西安：三秦出版社，2012年2月：83，237-238.

图6-12　淡紫色马甲（江南大学传习馆藏）

服饰色彩随着装习俗的变化而变。"尚红"是汉族传统观念中普遍的色彩规律，"女子以红为吉服之色。帷帐等以红色布制之"，忌讳用白，以为丧色，不吉利[1]。而西方文化意向中以白色为纯净圣洁之色，受西式文化的影响，民国以后中原城市社会名流、知识分子逐渐倾向于举办新式婚礼，白色礼服婚纱被越来越多的女性喜爱。民间日常服饰用色也逐步破除忌白色的观念，喜用白色或浅淡的服饰色调（图6-12、图6-13、图6-14）。"帽结朱丝尽弃捐，腰中浅淡舞风前，想因熟读西厢记，缟素衣服也爱穿。"[2]特别是当时的女学生不施粉黛，以朴素、淡雅的形象出现在社会活动中，受到赞扬"衣裳朴素容幽静，程度绝高女学生"。近代服色流变对民间服色的影响深远，至今河南还流行着"要想俏一身孝"的俗语。

图6-13　藕荷色马面裙
（江南大学传习馆藏）

图6-14　米白色马面裙
（江南大学传习馆藏）

❶　袁熹. 冲破禁忌之后的晚清服饰［J］. 工会信息，2016，6（2）：29-31.
❷　潘超，丘良任，孙忠铨. 中华竹枝词全编［M］. 北京：北京出版社，2007.

服饰面料染织工艺的变化与服饰色彩、装饰纹样及服饰制作的变化相辅相成。中原传统服饰材料以棉和丝为主，本书实物研究的121件袄、褂、衫等上装中，因织造印染工艺的不同可分为：素色服装46件，满地绣花28件，提花面料17件，机织面料服饰17件，蓝印花7件，土织布6件。棉织物主要有素色、条纹或方格及蓝印

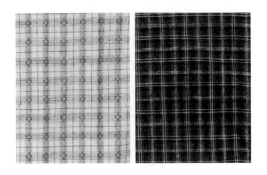

图6-15　传统土织布面料

花布三种类型（图6-15）。丝绸面料除素色和绣花装饰以外，纺织过程中加以同色、异色或金银线形成带有花卉、几何符号纹样的织锦面料是中原地区又一主要服饰面料类型（图6-16）。

图6-16　提花丝绸面料

随着近代纺织、染色等工业技术的发展，国外纺织商输入了大批带有西方审美的纹样及织造方法，含灰色调的复色使用增多，打破了传统复色面料以素色、纯色为主的状况，造型复杂的花卉纹样被简洁规律的机织几何纹样所代替（图6-17）。另外合成染料的输入改变了中原地区传统的染色格局，化

图6-17　机织面料

学染料色泽饱满（图6-18），向内陆地区大量倾销，拓展了中原地区传统以靛蓝印花为主的印染类别（图6-19）。由于近代社会结构的变化，女性社会活动增多，

图6-18　化学染料印花面料　　　　　　　图6-19　传统印花面料

无暇手工刺绣装饰服装，印花面料的装饰效果给人来带的新鲜感和便捷度，逐步代替刺绣，改变了服饰的制作方式，颇受女性的欢迎。

　　近代以来中原地区民间服饰造型及装饰工艺均趋向简洁化发展，以紧身适体取代褒衣博带，服饰色彩由浓艳明快转向淡雅中性，纺织及染织技术的进步改变了传统的服装生产模式，解放了女性的双手，促进了传统封建社会向现代文明社会的转型。

第七章 近代中原社会变革对民间服饰变迁的影响

民间服饰是百姓日常生活中一个重要的组成部分，通过服饰现象可窥探一个时代的整体风貌。服饰文化的流变是整体性的，不同时期历史背景下的服装及服饰风尚都具有其各自的历史特点，与当时社会的政治制度、经济发展、文化交流、传播媒介等因素息息相关。

第一节 政治影响

我国历朝历代均以服饰制度作为衡量权贵，实施统治的一种手段，民间服饰制度依附于政治、参与政治，不自觉地受到政治的干预支配，并最终服务于政治❶。

清末，吏治腐败、民不聊生，白莲教、捻军等农民起义活动均在河南得到响应，更是太平天国起义北伐与转战的必经之地，制度崩失，经济萧条，思想落后，官场习气保守，社会变革力量薄弱，形势错综复杂。这个阶段民间服饰大多仍沿袭旧制，但中西混杂，已经有西式服装形制涌现，民间服饰僭越之风盛行。随着我国近代大时局的激烈变化，辛亥革命、清王朝覆灭及中华民国的建立，服饰制度得到改革。民国元年，南京成立临时政府，随即颁布法令剪发辫、改服饰。孙中山先生特别强调了礼服对民服改革起到的倡导作用，在"复中华国货维持会函"中提到："礼服实与国体有关，在所必更，常服听民自便……且既以现

---

❶ 亓延，范雪荣，崔荣荣，礼教文化视野下的近代齐鲁服饰文化变迁［J］，纺织学报，2010，31（3）：104–110.

时西式服装，此等衣式，要点在于卫生，便于动作，宜于经济。"并于同年10月颁布《礼服条例》，如表7-1所示。

表7-1　1912年民国政府《礼服条例》[1]，[2]

性别	男			女	
	分类	形制描述	示例图	形制描述	示例图
礼服	大礼服	分昼用与晚用，料用本国丝织品，色用黑；（昼）长前与膝齐，袖与手脉齐，对襟，后下端开衩；（晚）长前与腹齐，后与膝齐，前对襟后下端开衩	 （昼）　（晚）	上衣：周身得加绣饰，长与膝齐，袖与手脉齐，对襟，左右及后下端开衩 裙：前后幅平，左右有裥，上缘两端用带	
	常礼服	甲：料用本国丝织品或棉麻织品，色用黑；（昼）长前与膝齐，袖与手脉齐，对襟，后下端开衩；（晚）长过胯前，对襟，下端开衩	 （昼）　（晚）		
		乙：褂袍式，对襟，有领，袖与手脉齐，左右及后下端开衩			

❶　服制. 政府公报［N］. 1912-4-9（157）.

❷　服制. 服制图［N］. 政府公报分类汇编，1915年，第4期：107-111.

续表

性别			男		女	
	分类	形制描述	示例图	形制描述	示例图	
礼帽	大礼帽	平顶下沿椭圆，料用本国丝织品，色用黑		—	—	
	常礼帽	料用本国丝织品或毛织品，色用黑		—	—	
礼靴	甲	色用黑，（昼）上空露袜，（晚）长过脚踝，用带扣，服大礼服及甲种常礼服	 （昼）　（晚）	—	—	
	乙	色用黑，长及胫，服乙种常礼服		—	—	

　　由表7-1可知，该礼服形制中西并存，但西式为主，特别是男子服饰。男子礼服分为大礼服和常礼服，又有昼礼服和晚礼服之分，并与之搭配相应的礼帽、礼靴。这是中华民国首次提出服饰制度，也是西式服装首次得到官方认可。女子服饰基本仍沿袭上衣下裙的传统，表现出男女政治地位和社会活动的差异。另外，《礼服条例》强调服制材料应用本国国货，大总统与平民样式一律，贯彻平等的原则。虽不同阶层在服制材料和形制上仍有一定的差异，但以衣"明贵贱、辨等级"的传统观念受到冲击，人们开始根据个人的审美和经济能力选择服饰。

　　随着袁世凯复辟，北洋军阀混战，民国初年颁布的《礼服条例》并没有得到广泛推广。1927年南京国民政府成立，我国进入国民政府统治时期。1929年4月，南京国民政府为统一服饰，重新修订了《礼服条例》，颁布了《男女公务人员礼服及制服条例》❶，抄发各省转载通饬全国，如表7-2所示。

---

❶　中央法令：国民政府令（中华民国十八年四月十六日），兹制定服制条例公布此令，河南省政府公报［N］. 1929（644）：3-6.文献来源：晚清与民国期刊全文数据库，全国报刊索引.

表7-2　1929年《男女公务员礼服及制服条例》

		男			女	
	名称	形制描述	示例图	名称	形制描述	示例图
礼服	褂	齐领，对襟，长至腹，袖长至手脉，左右及后下端开衩，质用丝、麻、棉、毛织品，色黑，纽扣五		甲种	齐领，前襟右掩，长至膝与踝之中点，与裤下端齐，袖长过肘与手脉之中点，质用丝、麻、棉、毛织品，色蓝，纽扣六	
制服	袍	齐领，前襟右掩，长至踝十二寸，袖与褂袖齐，左右下端开衩，质用丝、麻、棉、毛织品，色蓝，纽扣六		乙种	齐领，前襟右掩，长过腰，袖长过肘与手脉之中点，左右下端开衩，质用丝、麻、棉、毛织品，色蓝，纽扣五	
	帽	冬如甲图：凹顶，软胎，下沿略形椭圆，质用丝织品，色黑。夏如乙图：平顶硬胎，下沿略形椭圆，质用草辫帽，色白		裙	长至踝，质用丝、麻、棉、毛织品，色黑	
	鞋	质用丝、棉、毛织品，或革，色黑		鞋	质用丝、棉、毛织品，或革，色黑	
	衣	齐领，方角，对襟，长过腹，左前襟缀暗袋二，右前襟下端缀暗袋一，袖长至手脉，质用朴素之丝、麻、棉、毛织品，色冬黑夏白，纽扣五		衣	衣同礼服甲种一致规定，唯颜色不拘	
	裤	长至踝，质色同衣			—	
	帽	帽同礼服之规定			—	

续表

	男			女		
	名称	形制描述	示例图	名称	形制描述	示例图
制服	外套	翻领，对襟，长过膝，袖长与衣袖齐，质用朴素之丝、麻、棉、毛织品			—	

1929年颁布的《男女公务员礼服及制服条例》与1912年《礼服条例》相比，该条例规定中式为主，西式为辅，点明服装的实际穿着效果，可明显看出国人对本国服饰文化的重新认同。不仅给出礼服形制规范，并对公务人员日常着装给予明确的形制界定。虽然这些新式制服只是少部分公职人员穿着，但打破了传统服饰制度的等级界限，不分尊卑贵贱，以示人人平等的民主意识。另外，女性服饰进一步简化，且指明女性公务人员制服，由此说明女性社会活动有所增加。对于此项服饰条例，河南国民政府积极响应，在《河南省政府公报》《河南教育》等报刊中转载，通饬各县市执行。

河南政府机构对民间服饰的影响是多方面、潜移默化的，归纳起来主要可分为两种形式。其一，通过政治法令、政府公告直接发布的着装规范与指令。1927年南京国民政府成立至1947年前后，河南政府机构共在12种报纸或期刊中发表服饰有关法令或通知共计46项，如表7–3所示。

表7–3　河南近代政府机构报刊中与服制相关报道

报刊名称	数量	出版时间	主要内容
河南省政府公报	14	1929年1项；1934年1项；1936年10项；1937年1项；1941年1项	礼服、公职人员服制条例、公署队伍、军官、警察、陆军、海军、保安团队、壮丁等服制条例
河南盐务管理局公报	8	1940年4项；1943年3项；1944年1项	服装保管及赔偿规则
河南政治	7	1933年1项；1936年6项	军人服装整饬条例、服装换季条例
绥靖旬刊	5	1935年5项	学校军训服制、运动会服装
河南教育	3	1929年2项；1930年1项	中小学校及机关服制条例
河南警政	2	1946年2项	警长、警士服制

续表

报刊名称	数量	出版时间	主要内容
河南省政府年刊	2	1937年2项	保安团队服制
河南司法公报	1	1931年1项	海军服装条例
河南行政月刊	1	1927年1项	审检官出庭服制
海军公报	1	1931年1项	海军服制条例
河南大学校刊	1	1936年1项	学生军训制服
中央党务月刊	1	1933年1项	亡人服制

相关法令和通知中主要包括政府官员、公署队伍、警察、陆军、海军、保安队、法院、学生、教师等公职人员着装规范，涉及职业类型广泛，各类服饰形制、色彩、质地描述详尽细致。甚至对服饰换季时间均有明确通知，如1936年《河南政治》上刊登"法院改换秋季服装"通知："兹因天气渐寒，高院已于本月一日起，所有男职员，一律改着藏青色中山装，女职员改着蓝色上衣，黑色裙。并通饬所属各院一体遵照。❶"另外，通过对这些文献资料的分析，不难发现关于服装的法令规制，无论服装形制是西式还是中式，衣服质料限用国货❷。1930年《河南教育》还特别刊出专题文章"大中小学教职员及学生应着本国服装并用本国材料"："当此金贵银贱的时候，采用洋货的损失，更足以惊人，不着西服，就是开源节流，很有效的一种办法，西服的材料，都是毛织品，而毛织品大都是由国外输入的，一方面蒙了一重金买洋货的损失，另一方面足以阻碍国货的发展。"❸国民政府、教育厅等多次通过报刊文章呼吁河南百姓扫除崇洋媚外的心理，并提出服饰是本国文化与民族精神的一种代表："服装为日常所需，如能用国货制本国衣服，就是国家财力上的一种大救济。无论哪一国都有它特殊的时尚，是不可以强同的。一国的服装，是一国最显著的代表，而且是一种民族特性的表现，应当保存本国的色彩，不应模仿别国的风尚，然后可以发扬民族固有的精神，而激起民族团结的观念，除非是一个被征服的国家，不然它的语言风尚礼节，以及服装，都不该整个效法别国。"❸民国以来，河南匪盗横行，国民政府希望通过颁布的服制相关法令，各行各业着相应的服装，通过服饰的规范与引导，从而形成整个社会制度的规范，建立一个有秩序的，相对安定的政治环境。

---

❶ 法院改换秋季服装［N］．河南政治，1936，6（10）：1．

❷ 徐百齐．中华民国法规大全［M］．上海：商务印书馆，1937-1：1237．

❸ 高君珊．第二次全国教育会议重要建议：大中小学教职员及学生应着本国服装并用本国材料［N］．河南教育，1930，2（19/20）：164-165．

其二，通过对百姓生活旧习规诫和改良，间接影响和规范着装形式，突出表现为对女性不缠足运动的倡导和婚姻、丧葬等礼仪活动奢靡之风的限制。

妇女缠足与否是近代传统儒家礼教与新思潮斗争的焦点之一，自戊戌变法维新派发起，呼吁解放女性身体，劝解放足。康有为向光绪帝上奏《请禁妇女缠足折》，梁启超在《时务报》上先后发表《戒缠足会序》《试办不缠足简明章程》等文章。中华民国成立之初，政府引导社会风俗改良，以男子剪辫、女子放足为代表。1912年3月，南京临时政府大总统孙中山颁布《临时大总统关于劝禁缠足致内务部令》："夫将欲图国力之坚强，必先图国民体力之发达。至缠足一事，残毁肢体，害虽加于一人，病实施于子孙。女子缠足，深居简出教育莫施，遑能独立谋生共服世务？❶"该法令从女子身体健康与不能独立谋生两个角度痛斥缠足之害，在当时引起了巨大的反响。

自1900年至1940年，河南省政府厅、各县级政府机构在《河南省政府厅年刊》《河南官报》《河南民政月刊》等多项期刊中发表19篇劝禁女子放足的文章，并对各县市放足情况定期进行统计。例如，1928年《放足丛刊》载"河南省政府取缔妇女缠足办法"❷："取缔女子缠足以三月为劝导期，三个月为解放期，三个月为检查期，分期进行。男女学校组织天足会，个乡村组织天足分会……"《放足丛刊》是河南地区具有代表性的刊物，刊登各级政府"放足处"颁发的各种放足条例及劝告缠足妇女尽快放足为主题的文艺作品，又从另一个侧面反映河南文明开化落后的程度。政府推行上行下效，由公职人员到市井百姓，自城市到农村的办法。民国二十五年（1937年），《河南省政府厅年刊》载："本省查禁缠足事宜，前经规定，先从公务人员之亲属，及城关之缠足妇女着手，限期一律解放完竣，再向乡村妇女劝解，通饬各系遵照切实查禁办理。❸"河南百姓思想陈旧，有些家长政府检查期间让女儿放足，晚上再将脚裹起来。民国二十九年（1941年），河南省政府厅再次颁布"禁止缠足号令"将家长逼迫妇女缠足上升到刑法的高度："咨以妇女缠足似属伤害肢体，其家长强迫未满十六岁之女子缠足以应构成刑法第二百八十六条'伤害罪'。❹"劝禁缠足运动在河

---

❶　从孙中山下令劝禁缠足说起［J］. 老年教育，2014, 3（3）: 15-17.

❷　河南省政府取缔妇女缠足办法［J］. 放足丛刊，1928-8: 23.

❸　民政:（乙）工作报告: 九、礼俗:（三）查禁妇女缠足［J］. 河南省政府年刊，1937年，民国二十五年: 215.

❹　龙云，中华民国二十九年六月二十二日: 令民政厅:"准内政部咨准河南省政府咨询妇女缠足似属伤害肢体可否适用刑法'伤害罪'判处其家长请转请司法解释见复等由一案令仰转行知照"［N］. 河南省政府公报，1940, 12（50）: 17.

南持续了半个多世纪，直至中华人民共和国成立，才彻底废除。妇女不再被缠足束缚，更多参与社会活动和生产劳作，服饰也随着装场合的变化而逐步改变。

1934年，国民政府提出"以道德的复活，来求民族复兴"的新生活运动，颁布《新生活运动纲要》等文件，倡导国民衣食住行等日常生活，应按照整齐、清洁、简单、朴素、迅速、确实的标准❶。新生活运动为河南婚葬习俗改良带来的一股新的力量，各县市分别成立新生活运动促进会，组织新生活运动宣传活动，抄发"新生活运动歌"❷。定期进行工作汇报，筹办集体婚礼，改良婚丧仪式："查旧日婚丧仪式，多包迷信，或封建色彩，亟应详改正，因时制宜……转令民众教育馆，警察所区，保长及各学校校长，加以指导监察，以正风俗，而节浪费。❸"民国二十五年（1937年），河南省政府颁布《公务人员革除婚丧寿宴浪费暂行规程》："查俭为美德，古有明训，我国生产落后，百业待兴，尤宜厉行节约，力戒虚糜，崇实黜华期以积累之所得，从事于国民经济建设。"并具体指出婚嫁生育礼尚往来明细规定："凡遇婚嫁致送礼物，特任官不得过四元，简任官不得过三元，荐任官不得过两元，委任官不得过一元。"❹

由此可知，近代服饰变革、易服饰改政令大多由官方倡导，政治因素对中原地区民间服饰流变起到了至关重要的作用。服饰政令、条例、放足运动、新生活运动、婚丧礼俗改良等活动，逐步撼动着河南民间陈旧保守的思维模式，成为近代中原社会服饰习俗变革的重要影响因素之一。

第二节　经济因素

19世纪末，河南远离通商口岸，又无公路、铁路等交通条件，近代资本主义冲击较小，旧的经济结构基本上原封不动。20世纪初期，列强经济侵略深入内陆地区，英国占有焦作煤矿，比利时、法国、俄国先后出资在河南修建铁路。1902~1911年间，我国华北地区共修筑了9条铁路，其中3条贯穿河南境内，新建铁路与传统河运构成了近代河南交通基本框架，促进了近代河南资本工业的萌

---

❶ 近代中国史料业刊［M］．台北：文海出版社，1997：137.

❷ 江西省推行音乐教育委员会制，新生活运动歌［J］．河南保安月刊，1935，3：4.

❸ 礼俗：改良婚丧仪式［J］．河南省政府年刊，1937年，民国二十五年：177.

❹ 省政府训令：奉行政院令抄发前颁之公务人员革除婚丧寿宴浪费暂行规程令仰遵照［J］．河南大学校刊，1936年，第160期.

芽❶。1902～1905年间，河南兴办了近20家民族资本企业，给原始的小农经济模式注入了新的养分❷。抗日战争爆发后，河南近代工业企业几乎完全倒闭，荡然无存，农业遭受的破坏更为严重，1938年国民政府扒开黄河花园口，"堤防骤溃，洪流踵至。泛滥奔腾，东泻千里。席卷而下，弥望无涯。人畜猝不及防，田户房舍全葬泽国"❸。黄河水淹没豫皖苏大平原，河南被淹没土地940万亩，上千万人流离失所。1942年全省大旱，"田园龟裂，赤地千里。二麦颗粒无收，秋禾全数枯萎"。次年，"大批飞蝗，遮天蔽日，迎队群飞。所过之处，遇物即啮，禾苗五谷，当之立尽"❸。惨遭天灾、民贫如洗的河南在抗日战争期间被国民党强征暴敛，壮丁数居全国之首❹。

受多方政治作用加之自然环境、灾害气象的影响，造就了近代河南经济环境复杂，区域发展不平衡的局面。一方面，铁路在河南的修建，促进了沿线地区的经济活动；另一方面，军阀混战、帝国主义侵略，兵灾、旱灾；水灾、蝗灾等自然及人为破坏使得河南地区经济发展一度陷入瘫痪。经济发展是服饰流行变化的物质基础，也是影响服饰流变的主导力量。近代民间服饰相关的棉纺织业、茧绸业成为河南对外贸易的主要商品，很大程度上促进了河南经济工业化、商品化进程。

一、棉纺织业

早在明清时期，河南就有大量棉花种植的记载，但当时棉花并不是主要的农业经济作物，处于零星分布的状态。20世纪以来，河南铁路开通，促进了沿线地区棉花种植及相关产业的发展。豫北京汉铁路与豫西陇海铁路附近地区安阳、新乡、汤阴等地，豫西阌乡、灵宝、陕县、新安、洛阳、偃师、巩县等地皆有棉花种植，呈东西带状分布❺。河南产棉最集中的豫西、豫北地区北隔黄河与山西棉产区相接，西与陕西棉产区相连，逐渐形成了以郑州为中心的植棉经济区。

❶　刘晖. 略论铁路与民国时期河南省植物棉业的现代转型［J］. 历史教学，2009，58（16）：43-49.

❷　郭豫庆，冯宛平，韩建青，杨松林，苗学敏，吴铁军. 近代河南经济演变［J］. 史学月刊，1985，34（4）：50-55.

❸　河南灾情实况［N］. 申报，1943：5-6.

❹　国民党政府军令部战史会档案（二十五）.

❺　河南省棉产改进所. 河南棉产改进所专刊（河南棉业）［M］. 开封：河南省棉产改进所，1936.

　　棉花种植不仅为原有的"男耕女织"自然经济提供原材料，并且促进了近代河南棉纺织业的发展。1932年《交行通信》对河南纺织业概况进行了统计和报道："河南在地势上居吾国中心地点，物产极富，纺织工业，亦称发达。全省共有四厂，即豫新，豫丰，成兴及卫辉华新等是也。全省各厂纱锭，合计十万零四千七百二十八个。各厂原动力，共计汽力一千八百五十匹力，电力三千五百七十启罗瓦特，各厂工人，共计七千五百八十三人。各厂用花，总计在二十万担以上，纱线产量在六万包以上。❶"当时，河南地方政府为推动棉纺织业的发展，特设立棉产改进所，派遣留学生远赴美国学习植棉种植技术。1934年《中国国民党指导下政治成绩统计》载："河南为中原产棉区域，唯以风气朴陋，技术陈旧，亟需予以改进，俾资发展。先设置河南棉产改进所，为培植植棉技术人才起见，特资遣学生二人赴美研究植棉推广及育种技术……❷"1937年以前，河南形成了以郑州为中心最初的棉花交易市场及棉纺织产业，其产品远销上海、山东等地。

　　抗日战争期间，河南近代纺织企业纷纷迁至后方，留守企业朝不保夕，四家棉纺厂，三家被日军洗劫，棉纺织业受到重创，棉纱生产下降100%❸。抗日战争胜利以后，政府机构、工商界、联合国善后救济总署等机构，提出重建河南棉纺织业："联合国善后救济总署宣布重建河南省纺织业之'联总'与'行总'棉花三千八百担以上，以借贷之方式分配予该省人民，其总值为国币五百六十三万八千八百元，受惠者一千三百人。❹"棉纺织业虽得到短暂的恢复，但国共内战使其再次陷入困境。直至新中国成立，20世纪50年代，中央政府在郑州逐步建设国棉一厂到六厂，河南纺织业才得以重建。

　　近代棉花种植及纺织业的发展在相当大的程度上促进了河南资本经济的萌芽，但棉花种植大量占用耕地，且对土地地力消耗较大，使得河南一些传统的粮食产区反而需要依赖其他省满足粮食需求，棉花种植对河南的灾荒造成了影响。

二、茧绸业

　　虽与江浙地区无法相提并论，河南也属于产丝省份，所产丝绸可分为两种，

---

❶　王维驷. 最近河南纺织业概况［J］. 交行通信，1932年，1（13）：13–14. 晚清与民国期刊全文数据库.

❷　河南棉产改进所之成立［J］. 中国国民党指导下政治成绩统计，1934–7：169.

❸　中国近代经济史［M］. 北京：人民出版社，2010，下册：165.

❹　联总运棉河南，重建豫纺织业［N］. 征信所报，1946，第165期：2.

家蚕与山蚕丝（即柞蚕丝）。家蚕多以家庭为单位，农民及各村落养殖，未形成产业。柞蚕丝可直接用以外贸出口，或经过缫丝、织绸等步骤制成为茧绸。就地理范围而言，柞蚕产区，以鲁山、宝鸡、南召、方城、镇平、邺县、南阳等县为主，禹县、许昌、泌阳、内乡次之❶。清朝末年，当时遍布全国的晋商以河南许昌为中心，设置买庄，出售至周边国家及地区。1921年前后，河南茧绸为发展最盛时期，年产量达到二十五万匹❷。铁路开通后，河南茧绸商通过与上海出口基地的合作，形成了独立的商品市场体系。产品运至上海后，茧绸贸易商号再进行加工和包装，形成成批量的出口商品。茧绸业的兴盛，为豫西山区整体经济的变迁提供了良好的基础，具体的影响到广大民众的生活。

民国以后，茧绸产地鲁山、南召、邺县等地深陷匪患，战祸频发，山蚕业大受影响。又因不知改良蚕种，所出之丝日渐退化，大资本客商，亦裹足不前。另外，河南的茧绸业主要以传统的方式完成生产，输出茧绸原胚或蚕丝，商品附加值小，很难获得更大的市场。鉴于此，上海的河南绸公多次与河南茧绸产地书信往来，提议精加工以扩大商品市场，政府及当地的士绅给予了一定的支持。但受到1931年世界经济危机的波动，加之1936年河南地区自然灾害的影响，出口贸易骤然减少，河南茧绸业逐步没落。

除棉纺织业、茧绸业以外，近代河南手工业逐步走入商品化的进程，1936年《国货年刊》对河南全省手工业进行了初步统计："豫省居华夏之中，因经济地理上种种关系，工业颇为落后，一切均停滞在手工业状态中，全省一十三县，操手工业者，有成衣业等三十一种……"（图7-1）❸1944年《工业月刊》载河南手工业状况："河南工业在战前虽有若干纱厂及面粉厂，但自抗战后，非经沦陷，即已内迁，惟手工业方面，颇有注意之价值，每年土布产量约二十万匹。军需土布全出于此，陕、甘、宁、青所需土布亦大部取与此"❹。近代河南地区成衣、鞋帽、织带等手工业虽得到了一定程度的发展，但与全国总体趋势相比仍处于极不发达的状态。

总之，河南近代经济发展，特别是棉纺织业、茧绸业为服饰的革新提供了物质基础。更重要的是当时资本经济的萌芽及经济商品化趋势，影响了民众的日常

❶ 河南政府挽救蚕丝业［J］. 纺织周刊，1935，5（17）：460.
❷ 武强. 近代河南茧绸业发展与地方经济社会演变研究［J］. 地方文化研究，2015年第1期：37-51.
❸ 调查统计：河南全省手工业近况［J］. 国货年刊，1936年年刊：77-78.
❹ 河南：豫省手工业［J］. 工业月刊（西安），1944年，1（3）：51-52.

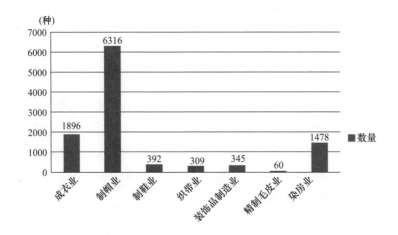

图7-1　1936年河南全省服饰相关手工业数量统计

生活，推动了身处内陆河南百姓对西方世界的认识，震动了千年封建思想沉积的民间心理，为近现代思潮迅速涌入河南打下了基础。与此同时，近代煤炭、铁路、棉纺织、茧绸等行业的发展造成了河南经济的不平衡，这点通过现存中原民间服饰传世品实物得以印证，豫西、豫北地区收集的服饰品要比豫东、豫南装饰精致。近代连年战乱，黄河多次决口、改道、泛滥，本是安土重迁的河南人，因环境的逼迫，不得不"轻去其乡"，民风民俗变化较大，形成了婚丧奢靡，不重积蓄的习俗，促使了服饰风格的变化。

第三节　文化交流

　　文化交流是社会发展非常重要的驱动力，差异性文化间的交流对促进文化基因更替，新旧文化之间的转变都具有重要的意义。服饰是一种无声的文化交流的载体，民间服饰则代表了一方审美、民俗等地域文化。近代是我国历史上文化波动最大的时代，服饰作为社会文化的表象受文化交流的差异性变革更为明显。对近代中原地区文化与外来文化交流影响最大的渠道主要包含两方面：留学生走出去与传教士走进来。

一、留学生走出去

　　近代最早留学生是美国人用给中国的赔款，来资助中国教育，目的是培养具有西方思想的下一代中国人，以加深西方文化的影响，具有很强的政治性。其结果造就了一批接受了西方文化的先进知识分子，而就是这批人发起了近代历史上文化运动。由于日本距离中国较近，且语言更容易学习，赴日留学较多，河南地区也不例外。

清末，河南处于内陆地区，受到西式文化冲击和影响比较小，相对闭塞，河南官方狃于"中学为体，西学为用，不愿新思潮之输入"，并不鼓励学生留学，顾虑青年学生留学接触革命思想，给地方及清政府统治带来威胁❶。直到清政府在甲午中日战争中的失利官方才意识到日本明治维新取得的进步，1901年河南巡抚才派出4名留学生东渡日本，开创了近代河南考试出国留学的先例。1904年，"计在东留学者，全省仅十九人，大半由他省派往，自费者寥如星辰"❷。同年《大公报》记载，中国留日学生共1199人，河南籍者仅7人❸。1906年，河南当局制定官费留学相关规定，其留学生须"学有根底，志存忠爱，不惑于歧趋者为合格"。随后河南留日学生逐年增加，自费学生比例增多，1908年《东方杂志》载："查豫省留日学生共计官费七十六人，自费二十人。❹"留学途径主要有河南省派遣、教育部考选、交通部派遣、军事留学、国民政府资源委员会派遣实习、教会派遣留学等。辛亥革命以后，较以前宽松的留学政策进一步推动河南留学生数量的增长，留学国别更加丰富，所学专业也更为广泛。1930年，国民政府制定了《河南公费留学章程》，详细规定留学生选拔基本准则"年龄四十岁以下，大学或专门学校毕业、成绩优异、无不良嗜好……"❺从而，促进了河南留学体系更加规范成熟。

留学生是近现代中外文化交流的重要途径，也是影响中国现代化和传统社会转型的重要力量。河南留学生回国后大多流向社会中上层：第一个流向，积极参加民主革命，在各级政权中参与建设和管理工作；第二个流向，参与经济文化教育等工作，在大学、中学、小学任职。兴办各类报刊，留日河南学生在日本发行的《豫报》《河南》《中国新女界》等报刊杂志，提倡道德，鼓励教育，宣扬民主、自由和解放，成为宣传革命的阵地；当然，还有一部分留学生沦为社会的边缘群体，甚至成为帝国主义的帮凶。

从总体上看，近代河南留学生对思想陈旧闭塞的河南社会整体发展扮演着组织、引导和实施的重要角色。在服饰方面，留学生在国外居住学习期间，脑后的

---

❶ 河南地方史志编纂委员会. 河南省档案馆，河南新志（上）（第7卷）［M］. 郑州：中州古籍出版社，1990年：414.

❷ 张一麟. 心太平室集（第7卷）［M］. 上海：上海书店，1947：10.

❸ 记日本各学校之我国留学人数［N］. 大公报，1904-6-18（02）.

❹ 据最近调查豫省留学［J］. 东方杂志，1908，第5（3）：93-94.

❺ 河南公费留学章程［J］. 河南教育周刊，1930-04：6-7.

长辫和累赘的长袍不仅给他们的生活带来了烦恼，且常常招致嘲笑。为适应当地的环境，剪辫易服，着学生装、中山装、西装。回国返乡时，自然把常穿的服装带了回来，有的人暂且换上长袍，带上假辫子，有的人则勇敢地毅然将西式服装穿上街，潜移默化地对中原民间服饰西化起到了示范作用，成为西式服装和日式学生装的传播者。

二、传教士走进来

任何时代的宗教都是该社会基础的某一个侧面的反映，反映了人们社会生活的某种需要，或者这个社会的某种缺陷和不足❶。世界三大宗教基督教、佛教和伊斯兰教在历史上不同阶段分别传入中国。

西方宗教传播对河南社会文化起到了近代化的作用。首先，通过学校教育和日常行为方式的改变，影响学生的思维观念和生活方式，从而间接改变现实生活中的服饰行为；其次，教会女子中学的开办，打破了我国传统社会只有男子可以上学的观念，为男女都可以平等接触教育资源打下基础，促进了女性的解放，改变女性活动范围，进而影响着装习惯；另外，向信徒推广新式生活方式、婚姻制度，为信徒举办西式婚礼，直接影响民间习俗。

无论河南留学生走出国门还是西方传教士走进河南，都使中原地区原有的文化体系产生了巨大的震动，其影响多是正面的、积极的，有利于中原地区的思想解放与启蒙运动。留学生回国及教育模式的变革为中原地区服饰习俗的演变奠定了基础，非政府、非官方的服饰形象更容易影响河南民众传统的着装理念，起到了示范作用。

第四节　大众传播

我国近代社会商品经济的发展、贸易活动的增多，政治制度逐渐开放，国际文化交流的扩展，工业技术不断进步，为大众传播时代的到来提供了一个优质的环境。

一、开启大众传播时代
（一）大众传播技术发展

报纸、杂志、电影等大众媒体开启了近代化的过程，成为文化传播活动中最

---

❶　朱天顺. 试论宗教的特点［J］. 厦门大学学报（社会科学版），1961–03：114–125.

有效的因素。鸦片战争前，我国还没有真正意义上的报刊出现，只有朝廷的"邸报"，实际上是发布官方法令的"政府公报"。19世纪70年代以前，我国内地的报纸大多是外国商人或传教士主办的，中国人自主创办的几种报刊集中在港澳地区。国人自主在内地办报纸始于1872年，在广州创刊的《羊城采新实录》，随后国人自办报刊逐年增加❶。据《中国近现代出版通史》记载，1870～1912年，总共创办了231种报刊；1917～1922年，年均期刊出版数就已达到271种❷。在近代出版业"黄金十年"1927～1937年，年均期刊出版数约1483种❸，这些报纸杂志除去政府公报、教育厅等政府职能部门公报以外，主要是宣传新潮思想的综合类报刊、妇女报刊或具有文化特色的报刊。

综合类报刊中除了倡导新思想，还常常刊登与社会生产生活关系密切的文章，涉及服饰形制改革及相关讨论亦是多见。如《申报》是近代我国发行时间最长的报纸，其影响范围之广，被称作中国民国时期的《泰晤士报》。1926年《申报》出版"衣服号"和"修饰号"两份专刊，载有《改进我们服装应有的调教》《改良中国男子服装谈》《时装展会之鸟瞰》《女子剪发》等文章，展示当时社会名媛的个人形象、服装潮流资讯等相关信息，并提出宽衣博带已不适合当时的社会生活❹。据统计，1912～1949年，中国妇女报刊累计创刊477种❺。服饰总是跟女性联系更加紧密，以《玲珑》杂志为例，设有"妇女""常事""儿童""娱乐"等专栏，封面多用国内外电影明星、社会名媛的彩照，发表如《现代妇女何以比从前好看》有关时装、化妆术、护肤术等女性装扮有关的文章，另外还刊载例如《女子与缝纫》《男子时髦服装的常识》等西式服装制作基础知识，并配合叶浅予、唐瑛等艺术家的服装插画，以及大量的服装款式照片，供读者参照。

电影作为近代一种新兴的娱乐和传播工具，扮演着流行传播的角色，服饰信息传播更加直观、动态、快捷。随着中国电影业的发展和兴盛，上海地区培养了众多电影明星，端庄高雅的胡蝶，小家碧玉的阮玲玉，前卫摩登的黄柳霜等。由于职业的关系，需要在公共场合抛头露面，明星们在美容装饰上力求新颖、时

❶　王继平. 近代中国文化传播媒介的变迁与发展［J］. 衡阳师范学院学报（社会科学），2001，22（5）：95–99.
❷　叶再生. 中国近现代出版通史［M］. 北京：华文出版社，2002，（2）7：1023.
❸　陈晓角. 浅析服饰传播的脉络和症候［D］. 杭州：浙江大学，2009：22.
❹　九狮. 改进我们服装应有的条件［N］. 申报本埠增刊，1926–12–26.
❺　田景昆，郑晓燕. 中国近代妇女报刊通览［M］. 北京：海洋出版社，1990.223–280.

尚、引人注目，逐渐成为公众追随模仿的群体❶。报纸杂志也是电影明星展示潮流形象的主要阵地，民国时期最出名的生活类刊物《良友》画报常常刊登女明星的照片，她们的服饰形象以图片或文字的方式呈现在公众面前。她们擅长服饰的搭配，中式旗袍配西式大衣，项链及高跟鞋的形象，丰富了读者对西式服装的认识，促进了民间传统审美观念的改变。此外，许多胭脂水粉、服装鞋帽商家请明星做广告刊登在各大报刊上，明星时髦的形象与号召力，是说服公众最好的营销方式。国内电影业的发展、电影明星的形象塑造以及国外电影的传播，都对民间服饰形象、审美观念的变化产生着一定的影响。

（二）文化传播主体变革

教育模式从传统的科举培养官吏的制度中解放出来，成为思想解放与先进文化传播的载体，知识分子不再妄想成为帝王的相佐，反而成为文化的倡导者和新思潮传播的主体❷。李泽厚在《中国近代思想史论》讲到："太平天国之后，知识分子是推动我国近代思想和活动的主流"❸。我国近代服饰新思潮的传播者中，知识分子是一个广大的群体，包括康有为、张竞生、叶浅予、黄觉寺等。清末，康有为在《大同书》中最早提出反对服饰旧礼，倡导新思想的声音："人生而有欲，天之性哉……居之欲美宫室，身之欲美衣服也……"❹虽然这种不符合当时社会主流的思想受到了清政府的严重压制，并没有得到真正的发表，但从中可以看出晚清的思想家、政治家已经洞悉到了社会发展的方向。不同背景与倾向的知识分子从各个角度提出了服饰改革的主张：民国第一批留法博士张竞生主张"以美的人生观为目的"，在《美的人生观》一书中讲到"衣服不是如世人所说为羞耻用的，亦不是穿来做礼教用的"❺。知识分子中的近代企业家宋棐卿为其工厂生产的毛线起名"抵洋"，提倡服饰应用国货，发展民族工业❻。虽然他们提出的服饰新秩序的主张略有不同，但大多数都是朝着更符合近代社会实际的方向发展。

除此之外，包含知识分子在内的政界商要也是近代服饰改革重要的倡导者。众所周知，孙中山先生对"在于卫生、便于动作"的西式服装的提倡，并经常穿

❶ 王晶. 民国上海电影女明星服饰形象研究［D］. 上海：东华大学，2013：114.

❷ 王继平. 近代中国文化传播媒介的变迁与发展［J］. 衡阳师范学院学报（社会科学），2001，22（5）：95-99.

❸ 李泽厚. 中国近代思想史论［M］. 合肥：安徽文艺出版社，1994. 460.

❹ 康有为. 大同书［M］. 上海：上海古籍出版社，1956. 41-42.

❺ 张竞生. 美的人生观［M］. 北京：北新书局，1925. 17-35.

❻ 宋棐卿. 提倡国货声中话抵羊［J］. 工业月刊，1946. 3（11）：5.

着立领三个口袋的服装，该服装结构和中式服装全然不同。而后结合中国国情，对这种形制的服装进行了改造，使之形成不失学者文雅，又具有军装干练风格的服装，称为"中山装"，在1929年国民政府提出的《服饰条例》中明确规定男子制服为中山装。另外，社会名流、知识分子、学生、明星等女性力量对近代服饰民间服饰流变的传播力量亦不可忽视。新式学堂女学生无任何镶饰的素雅装扮令人耳目一新，在近代追新求异的趋势中，女性的传统服饰形式受到挑战。

大众传播媒体形式成为近代文化的一部分，改变了人们接收信息的方式。服饰媒介传播关系随社会政治、经济、文化的发展而日益多样，服饰流行的传播者由封建统治阶级转向以知识分子为主的社会大众。更重要的是，知识分子通过新式思潮影响民间服饰制度和着装形式的转变，并切实地改变着民众的心理结构和生活方式，甚至价值观念，从而推动了近代中国民族文化、思维方式等方面的变化。

二、大众传播媒介发展对中原服饰变革的影响

河南属于典型的内陆省份，虽未与明清两朝京都相接，却是守卫京师的屏障，历届中央政府集团均予以严格的控制，传统文化浸润深厚，地方官吏乃至民间社会传统的王朝意识极深，思想封闭，处于"民生不见外事，不知农工商战为何术"❶。在中原传统社会模式下，封建统治集团是主导社会意识的传播主体，呈现出一元化的、强制性的、垂直传播的特征。近代文明进程中，河南受到的影响是两方面的，一方面，是通过留学生与教会直接与外来文化交流；另一方面来源于沿海沿江地区的间接传导和辐射。如前文所述，河南地区留学活动起步普遍晚于京津及沿海地区，因此新思潮对河南地区的影响相对迟缓，服饰制度变革信息除遵循政府法令之外，民间服饰媒介传播多跟随上海等地区的影响，亦步亦趋，发展缓慢。

（一）中原地区大众传播行业发展

近代河南大众媒体报刊业发展晚于京津及沿海地区。1904年诞生第一份报纸《河南官报》，由河南巡抚批准，主要内容包含圣训、奏议、文牍……本省纪要、中外新闻等，除了刊载清政府官方谕旨之外，还较多地报道了发生于河南的重大事件。河南籍留日学生是河南近代民间报刊的主要发起者和创办人，1906年于日本创办《豫报》，其宗旨是"改良风俗，开通民智，提倡地方自治，唤起国民思想为唯一目的……促黄河流域一部开化最早之民族雄飞于世界"❷。随后留日河南学生在社会工商界资助下，先后创办了《河南》《新女界》等多种在当时

---

❶　陈扬. 筹豫近言［M］. 台北：成文出版社，1968年据民国三年石印本影印：25.

❷　高丽佳. 河南近代报纸业发展轨迹［D］. 开封：河南大学，2013：12.

影响力极大的报刊。

　　除去官方发布的服制法令，近代河南地方报纸中关于服饰及美容装扮方面的报道比较少，多为间接性的，以女性为视角，劝戒妇女放足，接受新式卫生便捷的服装形式，鼓励参与到更广泛的社会活动中的文章报道。以《中国新女界杂志》为例，为综合性妇女刊物，提出女性"求人不如求己"的时代号召，鼓励妇女奋发进步，实现人格独立。在"女艺界"栏目中介绍当下流行的艺术创作，"图画"栏目中介绍中外女性形象、女留学生、女子学校摄影，例如《美国大新闻家阿索里女士之像》《留学实践女学校速成师范科中国卒业女学生之摄影》等❶。《中国新女界杂志》注重通过对国外先进经验的学习及新式女性形象的传播，推动河南女性解放运动，创造性地提出"要吸取人家的精华，勿徒取其糟粕"❷。另外，为了维持杂志的正常运转，《中国新女界杂志》在每期最后刊登女性日常用品相关广告信息，如"大河内妇人洋装店广告"等，推荐女性接受新的生活方式。

　　河南电影业的发展主要集中在商业较为发达的省会开封及中心城市郑州两地，如表7-4所示，最早的影院建于1913年。1930年进入电影院建设的高峰期，除表7-4中的6家电影院外，开封民国十八年（1930年）后还有相继开业的真明电影院、明明电影院、明星电影院、大陆电影院等，因设备较为陈旧，或意外遭遇火灾等原因，没开多久就歇业了。电影业初到开封，因其艺术形式新奇、真实，受到河南民众尤其是年轻一代的欢迎。1933年《电影检查委员会公报》载："一般人闻此活动电影来汴，无不雀跃，且票价甚贱，观者甚多。"河南电影院多与上海明星公司签订合同，专映该公司制作影片，如上海影星胡蝶的主演的《火烧红莲寺》《啼笑因缘》《狂流》等，上海妇女流行装扮深入人心。更有甚者，资金充裕的电影院从国外电影公司派拉蒙（Paramount Pictures）及米高梅（Metro-Goldwyn-Mayer）引进《卓别林》《罗克笑片》等国外影片，成为河南部分民众了解世界的有限窗口。

表7-4　1933年河南省电影院调查表❸

地区	电影院名称	资本数（元）	座位数（个）	券卖约数	开办年月	公司或私人
开封	中央大戏院	1000	560	三角	1913年3月	公司
	平安电影院	3000	600	三角	1930年11月	私人

❶　高丽佳. 河南近代报纸业发展轨迹［D］. 开封：河南大学，2013：12.
❷　袁凯泽. 清末端河南留日学生与《中国新女界杂志》［D］. 郑州：郑州大学，2013年.
❸　全国电影院调查表（河南省）［N］. 电影检查委员会公报，1933年，2（14）：30.

续表

地区	电影院名称	资本数（元）	座位数（个）	券卖约数	开办年月	公司或私人
开封	华光电影院	2000	610	三角	1933年5月	私人
	永和电影院	1000	1800	三角	1933年6月	私人
郑州	世界电影院	8000	490	三角	1930年9月	私人
	民众电影院	9000	482	二角	1933年4月	私人

（二）服饰传播主体转变

与全国近代服饰文化传播大环境相似，河南近代民间新式服装的传播者主要由知识分子、新式学生、政客商贾、社会名流、戏曲明星、娼妓优伶等构成。不仅在河南当地报刊上，民国时期较为出名的刊物中均有河南名人的社会活动及服饰形象的相关报道。如图7-2所示，1928年民国时期最出名的生活类刊物《良友》画报上载"名媛介绍——河南教育厅长女公子"在北平女子中学参加"孔雀东南飞"表演，其佩戴项链，着20世纪20年代流行的一种旗袍马甲，又叫"联褶衫子"；如图7-3所示，1933年《摄影画报》上以"现代妇女"为标题，载河南女师体育指导员祁云琴内着旗袍，外穿西式大衣的服饰形象。

图7-2　河南名媛着联褶衫子❶

图7-3　河南知识分子着西式大衣❷

---

❶　名媛介绍，北平第一女子中学游艺会表演"孔雀东南飞"之主角（坐着）为河南教育厅长邓芷英君之女公子［J］. 良友，1928（31）：23.

❷　现代妇女：河南女师体育指导员祁云琴女士［N］. 摄影画报，1933，9（45）：29.

　　另外，近代河南地方戏曲是民间百姓主要的娱乐形式，戏曲剧团走街串巷，从城市到农村，是文化传播最为常见的途径。"河南坠子""河南梆子"两个戏种颇受欢迎，尤以"河南坠子戏"形式鲜活，吸引了众多三弦书和山东大鼓一些人的加入，迅速流传到山东、安徽等地，民初又传入北京、天津、上海、西安等众多城市，成为我国流行最广的传统曲艺形式之一，坠子演员成为民间百姓追逐的明星。1931～1939年，《风月画报》《天津商报画刊》《立言画报》《美丽画报》等国内期刊杂志刊登了众多坠子演员的演出信息、照片及相关评价报道，她们大多着新式旗袍，剪发或烫发，举止行为效仿西式做派，成为新式着装方式的倡导者之一，如图7-4所示河南坠子演员程玉兰，图7-5所示河南坠子演员礼红。

图7-4　穿新式旗袍的河南坠子演员程玉兰❶、❷　　　图7-5　着旗袍的河南
坠子演员礼红❸

　　娼妓是我国自奴隶社会到封建社会一直存在的社会群体，她们丧失了最基本的人权，处境比普通妇女更为尴尬，但精神生活更加自由。她们普遍敢于尝试新鲜事物，社会对娼妓群体的服饰约定尺度与处事行为容忍度也较高，因此，多数娼妓成为新潮服饰的倡导者。如图7-6所示，1911年出版的《艳簇花影》，收集了全国各埠名妓的照片，"河南名妓巧仙"，传统袍服装扮与另一张西式连衣裙、礼帽装扮的照片形成对比。当时，娼妓服饰装扮以新奇别致为尚，领子时高时低，合体的西式服装成为时髦，为其他妇女着装起到一定的示范效应。

❶　龙眠章六，出演玉壶春之程玉兰［N］．风月画报，1934，4（17）：2.

❷　程玉兰倩影［N］．新天津画报，1940，9（14）：2.

❸　擅唱河南坠子之院礼红［N］．风月画报，1934，4（39）：1.

图7-6　穿着中式与西式礼服的河南名妓巧仙❶

　　服饰的变革在某种程度上是由文化传播引起的，反之服饰又是文化的载体，是多种社会因素共同作用下的结果。近代中原地区服饰媒介传播主体及传播关系发生了较大转变，但社会思想守旧，报纸、电影等大众传播媒体及相关技术发展程度均落后于沿海及京津地区，所以民间服饰变革周期较长。新兴大众传播媒体展示出的西洋文化，潜移默化地影响着河南民众对新鲜事物的态度，新式消费观念和生活模式对传统观念形成冲击。随着信息传播方式的变革，中原民众接触到了更多元的文化形式，打破原有的、陈旧的文化秩序，构建起新的文化体系，促进了近代中原地区社会的发展。

　　总的来说，政府主导的服饰制度改革上行下效的推动了中原民间服饰向合体、简洁、方便的趋势发展。通过服饰法令宣扬的民主和自由的理念，弱化了我国封建传统的服饰等级观念，民间服饰由等级化转向身份与职业化，倾向于由审美与经济基础决定服饰形制。

　　经济是制约服饰发展的最主要因素之一，近代中原地区棉纺织业、茧绸业的发展为民间服饰西化提供了原材料基础。但经济发展的不平衡，促使了中原范围内地域与城乡间服饰差异越来越大，表现为富硕家庭服饰及生活方式进一步西化，贫困者则衣不蔽体。民众经济地位的两极化发展，将封建社会传统的等级化转化为近代中原社会的地域差别和阶级化，最终导致中原地区新的服饰

---

❶　河南名妓：巧仙［N］.《艳簌花影》，全国各埠名妓小影1911年，上海时报馆：54.

格局形成。

　　文化交流对河南社会带来了一股新风，促进了民众近代文明的开化，对中原民间服饰的变革起到了潜移默化的作用，推动了中原民间服饰向前发展的步伐。

　　透过政治法令、经济发展、文化交流等社会现象不难发现，社会变革与民间服饰流变的根本原因在于新潮思想的传播作用：政治法令的制定者多为具有海外留学背景或接受新潮教育的知识分子；列强干预中原近代铁路建设为侵略者攫取了经济利益，同时也在一定程度上促进了中原经济的发展；以留学生和教会为代表的文化交流使得民众更贴切的感受到外来文化的影响，信息传播方式的革新则加快了服饰流变的速度和范围，推进了近代民间服饰重构的步伐。

附录：近代中原汉族民间服饰实物资料清单

本文实物分析基础包含江南大学民间服饰传习馆（JNDX）、洛阳民俗博物馆（LYMS）、中原工学院中原服饰文化与设计中心（ZYGXY）、河南省博物院（HNBW）、开封汴绣厂（KFBXC）等地，所藏中原汉族民间服饰共计877件，具体数量及来源如附表1、附表2所示。

附表1　近代中原地区民间研究服装实物来源统计表

种类	袄	衫	褂	袍、旗袍	裙	裤	马甲	云肩	围嘴	童衣	披风	肚兜	袖口	合计
数量	51	53	12	12	85	18	14	107	14	7	4	38	2	417
来源JNDX	46	28	8	11	23	12	7	31	2	5	2	18	2	195
LYMS	—	11	3	1	58	2	4	70	6		1	13	—	169
ZYGX	5	14	—	—	4	4	2	5	5	1	1	7		48
HNBW	—	—	1		—	—	—	1		1				3
KFBX	—	—			—		1			1				2

附表2　近代中原地区民间配饰研究实物来源统计表

种类	首服（件）			腰饰（件）	足衣（双）					其他（件）	合计
名称	帽	眉勒（脑包）	暖耳	荷包	鞋	袜	鞋垫	鞋跟	绑腿（裹腿）	围巾	342件
数量	59	25	11	107	119	1	9	2	6	3	
来源JNDX	26	17	2	15	111	1	7	2	3	1	185
LYMS	27	5	6	63	8	—	—	—	—	—	109
ZYGX	6	3	3	16	—	—	2	—	3	2	35
HNBW	—	—	—	3	—	—	—	—	—	—	3
KFBX	—	—	—	10	—	—	—	—	—	—	10

因版权及篇幅的限制，此附录中仅列举江南大学汉族民间服饰传习馆馆藏部分中原地区汉族民间服饰品共380件。如附表3所示，其中包含：袄，46件；衫，28件；褂，8件；袍，11件；裙，23件；裤，12件；马甲，7件；云肩，31件；围嘴，2件；童衣，5件；披风，2件；肚兜，18件；袖口，2件；帽，26件；眉勒，17件；暖耳，2件；荷包，15件；鞋，111双；袜，1双；鞋垫，7双；鞋跟，2双；绑腿，3件；围巾，1条。

附表3 江南大学汉族民间服饰传习馆藏中原地区民间服饰实物明细表

序号	名称	编号	实物图片	尺寸（单位：cm）	材料	备注
1	黑女袄	ZY-A001		衣长：84；通袖长：157；袖口：23.5；胸围：67；下摆：80；领高：3.5	棉	—
2	蓝女袄	ZY-A002		衣长：67；通袖长：148.5；袖口：17；胸围：50；下摆：73；领高：5	棉	—
3	墨绿暗花女袄	ZY-A003		衣长：78；通袖长：154.5；袖口：18；胸围：56；下摆：73.5；领高：6.5	丝	提花
4	酞蓝女袄	ZY-A004		衣长：76；通袖长：149；袖口：18.5；胸围：53；下摆：76；领高：6	丝	提花
5	酞蓝领镶边女袄	ZY-A005		衣长：73；通袖长：145；袖口：21.5；胸围：57；下摆：75；领高：6	丝	左衽提花
6	酞蓝女袄	ZY-A006		衣长：69；通袖长：138；袖口：16；胸围：50；下摆：70；领高：5.5	丝	提花
7	酞蓝女袄	ZY-A007		衣长：74；通袖长：160；袖口：18；胸围：57；下摆：73.5；领高：4	丝	—

续表

序号	名称	编号	实物图片	尺寸（单位：cm）	材料	备注
8	墨绿女袄	ZY-A008		衣长：73.5；通袖长：157；袖口：17； 胸围：56；下摆：73；领高：7	丝	左衽
9	格纹女袄	ZY-A009		衣长：69；通袖长：141.5；袖口：17.5； 胸围：50；下摆：69；领高：5	棉	左衽
10	门襟镶边深蓝女袄	ZY-A010		衣长：93；通袖长：151；袖口：21.7； 胸围：70；下摆：86.5；领高：7	棉	左衽
11	镶边瓦灰机织女袄	ZY-A011		衣长：63；通袖长：147；袖口：16； 胸围：47；下摆：65.5；领高：5	棉	机织菱形纹
12	镶边条纹女袄	ZY-A012		衣长：63；通袖长：147；袖口：15.6； 胸围：49；下摆：68；领高：4.7	棉	—
13	黑色女袄	ZY-A013		衣长：72；通袖长：142；袖口：18.3； 胸围：57；下摆：68；领高：6	丝	左衽
14	黑色女袄	ZY-A014		衣长：66.5；通袖长：150；袖口：18.3； 胸围：54；下摆：73；领高：5.5	麻	—
15	黑色女袄	ZY-A015		衣长：73；通袖长：153；袖口：16.4； 胸围：52；下摆：78.5；领高：5.5	麻	左衽
16	靛蓝格纹女袄	ZY-A016		衣长：64；通袖长：143.5；袖口：16； 胸围：46；下摆：70.4；领高：5	棉	左衽

序号	名称	编号	实物图片	尺寸（单位：cm）	材料	备注
17	蓝印花女袄	ZY-A017		衣长：65；通袖长：151；袖口：15.5；胸围：50.7；下摆：71；领高：6	棉	—
18	深蓝女袄	ZY-A018		衣长：74.4；通袖长：150.5；袖口：15.3；胸围：53；下摆：74.2；领高：6	棉	—
19	机织女袄	ZY-A019		衣长：59.5；通袖长：135.5；袖口：14.5；胸围：49；下摆：63；领高：4	化纤	机织菱形纹
20	蓝印花女袄	ZY-A020		衣长：69.5；通袖长：162；袖口：17；胸围：57.5；下摆：81.5；领高：5.5	棉	—
21	蓝格纹女袄	ZY-A021		衣长：66；通袖长：132.5；袖口：17；胸围：48.7；下摆：69.7；领高：4.5	棉	左衽
22	深棕色女袄	ZY-A022		衣长：75；通袖长：156.8；袖口：17；胸围：54.6；下摆：73.8；领高：5.5	棉	左衽
23	格纹女袄	ZY-A023		衣长：62.5；通袖长：160.5；袖口：16；胸围：51.5；下摆：65；领高：4.5	棉	—
24	水红刺绣女袄	ZY-A024		衣长：66；通袖长：138；袖口：14.5；胸围：45；下摆：51；领高：4.5	棉	金鱼花卉纹样
25	酱褐色女袄	ZY-A025		衣长：67；通袖长：142；袖口：16.5；胸围：51；下摆：62；领高：5.5	丝	左衽（丝面棉内胆）

序号	名称	编号	实物图片	尺寸（单位：cm）	材料	备注
26	童袄	ZY-A026		衣长：36.5；通袖长：71.5；袖口：11；胸围：32.5；下摆：37.5；领高：3.5	棉	提篮花卉纹样
27	翠绿镶边玫红女袄	ZY-A027		衣长：66.5；通袖长：148.5；袖口：14；胸围：46；下摆：53.2；领高：7	棉	提花
28	镶边云头纹女袄	ZY-A028		衣长：79；通袖长：133；袖口：29.5；胸围：60.5；下摆：76；领高：3.5	丝	左衽
29	深棕色女袄	ZY-A029		衣长：65；通袖长：129.5；袖口：19；胸围：48.5；下摆：55.5；领高：5	丝	—
30	蓝女袄	ZY-A030		衣长：73.5；通袖长：145.9；袖口：19；胸围：53.5；下摆：67；领高：5	棉	—
31	宝蓝女袄	ZY-A031		衣长：87；通袖长：157.5；袖口：21.3；胸围：55；下摆：83.5；领高：5.5	丝	菊花暗纹
32	门襟镶边无领袄	ZY-A032		衣长：79；通袖长：136；袖口：18；胸围：55；下摆：65	棉	—
33	灰青色女袄	ZY-A033		衣长：61.7；通袖长：136；袖口：18；胸围：45；下摆：62.7；领高：4.5	丝	提花
34	酞蓝女袄	ZY-A034		衣长：67；通袖长：160；袖口：15.5；胸围：48；下摆：56；领高：5.5	丝	左衽

序号	名称	编号	实物图片	尺寸（单位：cm）	材料	备注
35	深蓝女袄	ZY–A035		衣长：77.8；通袖长：160；袖口：16.3；胸围：56.5；下摆：74.5；领高：5	麻	左衽
36	酞蓝女袄	ZY–A036		衣长：65；通袖长：134.7；袖口：14；胸围：44；下摆：52；领高：5.5	丝	—
37	黑色短袄	ZY–A037		衣长：60.3；通袖长：144.5；袖口：15.5；胸围：46.5；下摆：52.5；领高：5	丝	暗纹
38	酱褐色女袄	ZY–A038		衣长：103.5；通袖长：148.5；胸围：62；袖口：45.5；下摆：90；领高：3.5	丝	领、袖、门襟镶边装饰
39	门襟镶边红色女袄	ZY–A039		衣长：64.5；通袖长：122；胸围：56.5；袖口：18.5；下摆：57；领高：6.5	丝	左衽
40	大红绣花女吉服	ZY–A040		衣长：84.5；通袖长：139；胸围：68.5；袖口：44.5；下摆：91.5；领高：3	丝	云肩纹装饰
41	灰青色镶边女袄	ZY–A041		衣长：88.6；通袖长：122.5；胸围：58.5；袖口：19.5；下摆：67.5；领高：6.5	棉	左衽
42	赭石色镶边女袄	ZY–A042		衣长：81；通袖长：163；胸围：60.5；袖口：20；下摆：73.5；领高：3.5	丝	左衽
43	无领宝蓝	ZY–A043		衣长：91；通袖长：130；胸围：60；袖口：32.5；下摆：70.5	丝	牡丹暗纹

序号	名称	编号	实物图片	尺寸（单位：cm）	材料	备注
44	墨绿机织女袄	ZY-A044		衣长：93.5；通袖长：133.5；胸围：58.5；袖口：28.5；下摆：68.5；领高：8.5	棉	机织菱形暗纹
45	酱褐色女袄	ZY-A045		衣长：77.5；通袖长：128；胸围：58；袖口：23；下摆：71；领高：5.8	棉	铜扣
46	镶边酱褐色短袄	ZY-A046		衣长：65.5；通袖长：138.5；胸围：64.5；袖口：33.5；下摆：72；领高：8.5	丝	左衽
47	绡袖灰蓝衫	ZY-S001		衣长：64.5；袖长：57；袖口：6.5；腰身：52；下摆：61.5；领高：4.5	化纤	
48	酱褐色女衫	ZY-S002		衣长：73.5；通袖长：148；袖口：18；腰身：55；下摆：75；领高：5	棉	左衽
49	蓝色女衫	ZY-S003		衣长：99；通袖长：127.5；袖口：44；腰身：68.5；下摆：94.5；领高：4.5	丝	
50	黑色衫	ZY-S004		衣长：84.5；通袖长：134.5；袖口：23.5；腰身：57；下摆：79；领高：4.5	丝	暗纹
51	黑色女衫	ZY-S005		衣长：86；通袖长：164；袖口：19；腰身：56.5；下摆：85；领高：7	棉	左衽
52	蓝印花女衫	ZY-S006		衣长：66；通袖长：162.5；袖口：16；腰身：55；下摆：70；领高：4.5	棉	—

序号	名称	编号	实物图片	尺寸（单位：cm）	材料	备注
53	蓝女衫	ZY-S007		衣长：66.5；通袖长：146.5；袖口：13.5 腰身：46.5；下摆：64；领高：5	棉	左衽
54	蓝女衫	ZY-S008		衣长：62；通袖长：139.5；袖口：15.5； 腰身：51；下摆：61；领高：5	棉	
55	灰蓝女衫	ZY-S009		衣长：63.5；通袖长：147.5；袖口：16； 腰身：55；下摆：66；领高：4	棉	—
56	蓝印花女衫	ZY-S010		衣长：72；通袖长：150；袖口：19； 腰身：60；下摆：80；领高：5	棉	—
57	蓝女衫	ZY-S011		衣长：59；通袖长：139；袖口：16； 腰身：52.5；下摆：60.5；领高：6	棉	—
58	宝蓝女衫	ZY-S012		衣长：63.5；通袖长：140.2；袖口：15.5； 腰身：53.5；下摆：59；领高：4.5	棉	—
59	深蓝女衫	ZY-S013		衣长：67；通袖长：137.5；袖口：22.5； 腰身：53；下摆：69；领高：5	棉	—
60	蓝印花女衫	ZY-S014		衣长：70.5；通袖长：156；袖口：18； 腰身：53.5；下摆：75；领高：5.5	棉	—
61	白孝衫	ZY-S015		衣长：65.5；通袖长：152；袖口：16.3； 腰身：51.5；下摆：65.5；领高：4.5	棉	—

续表

序号	名称	编号	实物图片	尺寸（单位：cm）	材料	备注
62	蓝女衫	ZY-S016		衣长：72.5；通袖长：161；袖口：17.5；腰身：65.5；下摆：85；领高：5.5	棉	—
63	蓝印花女衫	ZY-S017		衣长：59；通袖长：154；袖口：16.5；腰身：58.5；下摆：73；领高：4	棉	—
64	黑女衫	ZY-S018		衣长：79.5；通袖长：162.5；袖口：19.5；腰身：57；下摆：81；领高：4	棉	—
65	镶边无领女衫	ZY-S019		衣长：82；通袖长：150；袖口：18；腰身：59；下摆：71.3	棉	—
66	蓝女衫	ZY-S020		衣长：63；通袖长：146；袖口：17；腰身：49.5；下摆：63.5；领高：4.5	棉	—
67	镶边灰红色大衫	ZY-S021		衣长：110；通袖长：131.5；腰身：63.5；袖口：39.5；下摆：96；领高：3.5	丝	左衽
68	镶边无领玫红大衫	ZY-S022		衣长：57.5；通袖长：98；腰身：46；袖口：15.5；下摆：54.5	棉	—
69	镶边灰红色大衫	ZY-S023		衣长：63；通袖长：104.5；腰身：42.5；袖口：15.5；下摆：55.5；领高：3.5	丝	—
70	瓦灰色女衫	ZY-S024		衣长：66；通袖长：134；腰身：48；袖口：16.5；下摆：56.5；领高：4.5	丝	牡丹暗纹

序号	名称	编号	实物图片	尺寸（单位：cm）	材料	备注
71	梨黄女衫	ZY-S025		衣长：81.5；通袖长：142；腰身：53.5； 袖口：17；下摆：66；领高：3.5	棉	左衽
72	深灰大衫	ZY-S026		衣长：101.5；通袖长：150.5；腰身：65.5；袖口：38.5；下摆：91.5；领高：4	麻	—
73	浅蓝女衫	ZY-S027		衣长：59；通袖长：139；腰身：48； 袖口：13.5；下摆：54；领高：3.5	棉	左衽
74	酞蓝窄身女衫	ZY-S028		衣长：87；通袖长：142；腰身：43；袖口：12 下摆：66；领高：5	棉	—
75	对襟酱褐色男褂	ZY-G001		衣长：50；通袖长：169；袖口：17； 胸围：46；下摆：50；领高：6.5	丝	—
76	黑色短褂	ZY-G002		衣长：52.5；通袖长：156.5；袖口：20； 胸围：48；下摆：48；领高：5	棉	—
77	蓝机织对襟褂	ZY-G003		衣长：52；通袖长：152.5；袖口：15.5； 胸围：52；下摆：67；领高：5.5	棉	暗门襟
78	赭石色中袖对襟褂	ZY-G004		衣长：98；通袖长：121；袖口：37； 胸围：70；下摆：87；领高：3.5	麻	—
79	咖色对襟褂	ZY-G005		衣长：103.5；通袖长：160；腰身：63.5； 袖口：26；下摆：66.5；领高：5	丝	提花团纹

续表

序号	名称	编号	实物图片	尺寸（单位：cm）	材料	备注
80	黑色对襟褂	ZY-G006		衣长：51.5；通袖长：156.5；腰身：54.5；袖口：25；下摆：59；领高：4.5	丝	提花团纹
81	酱褐色对襟男褂	ZY-G007		衣长：58；通袖长：166；腰身：49；袖口：16；下摆：55.5；领高：6	麻	—
82	酱褐色对襟男褂	ZY-G008		衣长：54.5；通袖长：152；腰身：48；袖口：15.5；下摆：54.5；领高：4.5	棉	—
83	酱褐色长袍	ZY-P001		衣长：128；通袖长：165；胸围：50；袖口：15；下摆：80；领高：4	丝	—
84	酞蓝色长袍	ZY-P002		衣长：125；通袖长：160；胸围：48；袖口：15.5；下摆：78；领高：4.5	棉	—
85	浅蓝长袍	ZY-P003		衣长：127；通袖长：165；胸围：49；袖口：15；下摆：79；领高：5	丝	鎏金铜扣
86	咖色无领袍服	ZY-P004		衣长：95；通袖长：150；胸围：60；袖口：18；下摆：69	丝	铜扣
87	酞蓝色长袍	ZY-P005		衣长：125；通袖长：162；胸围：47；袖口：15；下摆：78；领高：4	棉	—
88	浅蓝长袍	ZY-P006		衣长：125；通袖长：160；胸围：48；袖口：15.5；下摆：78；领高：4.5	丝	—
89	灰蓝长袍	ZY-P007		衣长：128；通袖长：165；胸围：49；袖口：15；下摆：79；领高：4.5	丝	暗纹印花

续表

序号	名称	编号	实物图片	尺寸（单位：cm）	材料	备注
90	墨绿长袍	ZY-P008		衣长：129.5；通袖长：165.5；胸围：49.5；袖口：15.5；下摆：79.5；领高：5；	丝	牡丹提花
91	童袍	ZY-P009		衣长：91.5；通袖长：107.5；胸围：31.5；袖口：10.3；下摆：47；领高：4.5	丝	暗花格纹
92	浅咖长袍	ZY-P010		衣长：124；通袖长：172；胸围：47.5；袖口：19；下摆：83；领高：5.5	丝	几何图案
93	绣花马面裙	ZY-Q001		腰围：52.5；腰高：8.6；裙长：88；马面宽度：24.5	丝	—
94	绣花马面裙	ZY-Q002		腰围：58；腰高：16.7；裙长：94.5；马面宽度：30	丝	马面海水牡丹纹绣花
95	绣花马面裙	ZY-Q003		腰围：48.6；腰高：16.3；裙长：95；马面宽度：27；	丝	马面海水江崖纹绣花
96	绣花马面裙	ZY-Q004		腰围：56；腰高：11；裙长：90；马面宽度：33	丝	马面牡丹绣花
97	凤尾裙	ZY-Q005		腰围：51；腰高：10；裙长：82；马面宽度：19.5	丝	花卉绣花
98	凤尾裙	ZY-Q006		腰围：48.2；腰高：17.2；裙长：92.5；	丝	花卉绣花
99	凤尾裙	ZY-Q007		腰围：109；腰高：12；裙长：83	丝	三多纹样绣花
100	绣花马面裙	ZY-Q008		腰围：53.6；腰高：14；裙长：91.7；马面宽度：26	丝	马面凤戏牡丹绣花

续表

序号	名称	编号	实物图片	尺寸（单位：cm）	材料	备注
101	黑色筒裙	ZY-Q009		腰围：57.6；腰高：18.6；裙长：96；马面宽度：31.6	丝	花卉绣花
102	百褶裙	ZY-Q010		腰围：56.2；腰高：12.6；裙长：91.5；马面宽度：29	丝	—
103	绣花马面裙	ZY-Q011		腰围：54；腰高：17；裙长：93；马面宽度：30	丝	马面绣花卉
104	绣花马面裙	ZY-Q012		腰围：56；腰高：17.6；裙长：95.5；马面宽度：31	丝	马面鸳鸯花卉绣花
105	绣花马面裙	ZY-Q013		腰围：53.5；腰高：16.3；裙长：94.2；马面宽度：31	丝	
106	绣花马面裙	ZY-Q014		腰围：61；腰高：19；裙长：96.8；马面宽度：27	丝	马面凤戏牡丹纹样
107	凤尾裙	ZY-Q015		腰围：86；腰高：4.3；裙长：75	丝	人物绣花纹样
108	粉红马面裙	ZY-Q016		腰围：68；腰高：9；裙长：90；马面宽度：25.5	丝	绣花卉纹样
109	翠绿马面裙	ZY-Q017		腰围：56.5；腰高：17.5；裙长：95；马面宽度：29	丝	
110	马面百褶裙	ZY-Q018		腰围：58.5；腰高：14.5；裙长：93.5；马面宽度：29.5	丝	五色彩裙
111	水绿筒裙	ZY-Q019		腰围：59；腰高：15；裙长：91.5；马面宽度：24.5	丝	—

序号	名称	编号	实物图片	尺寸（单位：cm）	材料	备注
112	藕粉色筒裙	ZY-Q020		腰围：53.5；腰高：13；裙长：88.5；马面宽度：27	丝	马面绣喜鹊牡丹纹样
113	水红马面筒裙	ZY-Q021		腰围：61；腰高：18；裙长：92.5；马面宽度：29.5	棉	马面为贴片打籽绣
114	淡绿色马面筒裙	ZY-Q022		腰围：58；腰高：15.5；裙长：91；马面宽度：29.5	丝	马面绣人物纹样
115	孝裙	ZY-Q023		腰围：100；腰高：8.5；裙长：87；马面宽度：16.5	棉	—
116	镶边女裤	ZY-K001		裤长：99.5；腰围：60.7；腰高：19.8；裆深：51；裤口：27	丝	—
117	绿裤	ZY-K002		裤长：105；腰围：55.5；腰高：19；裆深：51.5；裤口：32.5	丝	暗纹
118	水红女裤	ZY-K003		裤长：99；腰围：52.5；腰高：20.8；裆深：52；裤口：26	丝	—
119	鲜绿女裤	ZY-K004		裤长：92；腰围：56.7；腰高：18.5；臀围：75；裆深：48.5；裤口：39	丝	—
120	墨绿女裤	ZY-K005		裤长：105；腰围：52；腰高：19；裆深：48.3；裤口：28.5	丝	—
121	酞蓝女裤	ZY-K006		裤长：107；腰围：57；腰高：20.2；裆深：54；裤口：27	丝	—
122	酱褐色长裤	ZY-K007		裤长：107.5；腰围：47.5；腰高：19.6；裆深：48；裤口：20	丝	—

续表

序号	名称	编号	实物图片	尺寸（单位：cm）	材料	备注
123	大红女裤	ZY-K008		裤长：102；腰围：56.2；腰高：21.8； 裆深：52.5；裤口：35.5	丝	暗纹
124	黑色裤	ZY-K009		裤长：94.5；腰围：56.8；腰高：16.8；裆深：49；裤口：29.5；	丝	—
125	蓝色裤	ZY-K010		裤长：98.2；腰围：54.5；腰高：16.8；裆深：47.5；臀围：67；裤口：28	丝	机织印花
126	大红镶边刺绣裤	ZY-K011		裤长：113；腰围：55.7；腰高：18； 臀围：105；裆深：51.5；裤口：23.5	丝	—
127	玫红色童裤	ZY-K012		裤长：47.5；腰围：33.5；裆深：23.5；臀围：36.5；裤口：12.5	棉	—
128	玫红女裤	ZY-K013		裤长：103；腰围：61.5；腰高：21.5；裆深：47.5；臀围：76.5； 裤口：32	丝	提花
129	对襟黑色男马甲	ZY-MJ001		衣长：54；肩宽：42；腰身：57； 下摆：68；领高：5	丝	—
130	儿童马甲	ZY-KJ002		衣长：36；肩宽：26；腰身：40； 袖笼深：18.6；下摆：43；领高：3.8	丝	琵琶襟
131	儿童马甲	ZY-MJ003		衣长：39；肩宽：35；腰身：35； 下摆：35	棉	后背拼布
132	儿童马甲	ZY-MJ004		衣长：27.5；肩宽：24；腰身：24； 下摆：24	丝	—

续表

序号	名称	编号	实物图片	尺寸（单位：cm）	材料	备注
133	儿童马甲	ZY-MJ005		长度：27；腰身：20.5；总肩宽：20.5	丝	刺绣牡丹纹样
134	蓝色男马甲	ZY-MJ006		衣长：55.5；总肩宽：35.5；腰身：32；下摆：56；袖窿深：28.5；领高：7.5	丝	左衽几何暗纹
135	儿童马甲	ZY-MJ007		衣长：41.5；总肩宽：27.5；胸围：38.5；下摆：42.5；袖窿深：20	丝	贴边装饰
136	儿童围涎	ZY-YJ001		直径：14	丝	人物花卉绣
137	层叠式云肩	ZY-YJ002		直径：65	丝	如意云头纹花卉绣
138	单片式云肩	ZY-YJ003		直径：34	丝	蓝底花卉绣
139	层叠、连缀式云肩	ZY-YJ004		直径：110	丝	动物、花卉绣
140	层叠式云肩	ZY-YJ005		直径：66	丝	人物、符号、花卉绣
141	层叠、连缀式云肩	ZY-YJ006		直径：100	丝	动物、植物绣
142	层叠、连缀式云肩	ZY-YJ007		直径：135	丝	戏曲人物绣
143	层叠、连缀式云肩	ZY-YJ008		直径：120	丝	植物、人物绣

序号	名称	编号	实物图片	尺寸（单位：cm）	材料	备注
144	连缀式云肩	ZY-YJ009		直径：110	丝	石榴多子绣
145	连缀式云肩	ZY-YJ010		直径：150	丝	葫芦、人物绣
146	层叠、连缀式云肩	ZY-YJ011		直径：160	丝	植物、动物、人物、符号绣
147	连缀式云肩	ZY-YJ012		直径：50；领高：4.5	丝	花卉绣
148	单片式云肩	ZY-YJ013		直径：29.5	丝	花卉绣
149	层叠、连缀式云肩	ZY-YJ014		直径：115	丝	莲花、动物绣
150	连缀式云肩	ZY-YJ015		直径：85	丝	植物、人物绣
151	层叠式柳叶形云肩	ZY-YJ016		直径：54	丝	花卉绣
152	连缀式云肩	ZY-YJ017		直径：101	丝	蝴蝶花卉绣
153	立领云肩	ZY-YJ018		直径：26	丝	蝴蝶绣
154	层叠、连缀式云肩	ZY-YJ019		半径：100；领高：4.8	丝	花卉绣

序号	名称	编号	实物图片	尺寸（单位：cm）	材料	备注
155	层叠、连缀式云肩	ZY-YJ020		半径：108；领高：3.5	丝	龙凤、花卉绣
156	层叠、连缀式云肩	ZY-YJ021		半径：111	丝	花卉、人物绣
157	层叠、连缀式云肩	ZY-YJ022		半径：118；领高：4	丝	花卉、符号绣
158	层叠、连缀式云肩	ZY-YJ023		半径：63；领高：5.5	丝	花卉、人物绣
159	层叠式云肩	ZY-YJ024		直径：62	丝	花卉、人物绣
160	单片式云肩	ZY-YJ025		直径：52	丝	花卉、动物绣
161	层叠式云肩	ZY-YJ026		直径：65	丝	动物、植物绣
162	层叠式云肩	ZY-YJ027		直径：62	丝	花卉、人物绣
163	层叠式云肩	ZY-YJ028		直径：63	丝	花卉、人物绣
164	连缀式云肩	ZY-YJ029		半径：80	丝	花卉、如意绣
165	层叠、连缀式云肩	ZY-YJ030		半径：85	丝	人物花卉绣

续表

序号	名称	编　号	实物图片	尺寸（单位：cm）	材料	备注
166	金瓜纹儿童围涎	ZY-YJ031		直径：20	丝	拼贴绣
167	花边儿童围嘴	ZY-WZ001		长度：30；宽度：33	棉	一
168	蓝色刺绣儿童围嘴	ZY-WZ002		长度：43；宽度：36.5	棉	一
169	婴儿服	ZY-TY001		衣长：42；通袖长：44	丝	文字、花卉绣
170	婴儿服	ZY-TY002		衣长：36；通袖长：34	丝	花卉绣
171	婴儿服	ZY-TY003		衣长：52；通袖长：58	丝	人物绣
172	童装	ZY-TY004		衣长：37；通袖长：73	棉	机织印花
173	童装	ZY-TY005		衣长：57.5；通袖长：65；胸围：27.5；袖口：9.5；裤口：13.5；领高：2.5	棉	机织印花
174	儿童披风	ZY-PF001		衣长：90；领围：48；下摆：78.5	丝	绣"鹭鸶探莲"纹
175	儿童披风	ZY-PF002		衣长：60	丝	凤凰花卉绣
176	儿童肚兜	ZY-DD001		长度：45；宽度：56	丝	绣"因莲得藕"纹样

续表

序号	名称	编号	实物图片	尺寸（单位：cm）	材料	备注
177	儿童肚兜	ZY-DD002		长度：21.5；宽度：29.5	棉	花卉绣
178	儿童肚兜	ZY-DD003		长度：25.5；宽度：33	棉	绣"刘海戏金蟾"纹样
179	儿童肚兜	ZY-DD004		长度：31；宽度：40.3	棉	绣花瓶纹样
180	儿童肚兜	ZY-DD005		长度：30；宽度：38	棉	绣"狮子绣球"纹
181	儿童肚兜	ZY-DD006		长度：23.7；宽度：29	棉	绣儿童纹样
182	儿童肚兜	ZY-DD007		长度：27；宽度：36	棉	绣"金瓜得子"纹
183	儿童肚兜	ZY-DD008		长度：27.5；宽度：33.5	棉	绣"喜鹊葡萄"纹
184	儿童肚兜	ZY-DD009		长度：29；宽度：40	棉	绣"喜鹊登梅"纹
185	儿童肚兜	ZY-DD010		长度：28；宽度：37	棉	绣金鱼、花篮纹样
186	儿童肚兜	ZY-DD011		长度：28.5；宽度：37	丝	绣"鹭鸶探莲"纹
187	儿童肚兜	ZY-DD012		长度：32；宽度：41	棉	绣花瓶纹样

续表

序号	名称	编号	实物图片	尺寸（单位：cm）	材料	备注
188	儿童肚兜	ZY-DD013		长度：26.4；宽度：34.8	棉	绣梅花鹿、植物纹样
189	儿童肚兜	ZY-DD014		长度：27.5；宽度：36.7	丝	绣蝴蝶、花卉纹样
190	儿童肚兜	ZY-DD015		长度：24.5；宽度：33	棉	绣猫、蝶纹样
191	儿童肚兜	ZY-DD016		长度：36；宽度：43	棉	绣花篮、花卉纹样
192	儿童肚兜	ZY-DD017		长度：29；宽度：23.5	丝	绣"五毒"纹样
193	儿童肚兜	ZY-DD018		长度：34；宽度：40.5	丝	绣如意云纹、蝴蝶纹样
194	袖口	ZY-XK001		宽度：13.7；长度：15.7	棉	绣"寿"字、花卉纹
195	袖口	ZY-XK002		宽度：17.5；长度：18	棉	织带贴边
196	碗帽	ZY-M001		围度：38	丝	贴布、盘金绣
197	风帽	ZY-M002		围度：46	棉	—
198	虎头帽	ZY-M003		围度：40	化纤	—

续表

序号	名称	编号	实物图片	尺寸（单位：cm）	材料	备注
199	碗帽	ZY-M004		围度：43	棉	垫绣
200	碗帽	ZY-M005		围度：47.5	棉	堆绫绣
201	碗帽	ZY-M006		围度：51	棉	贴布、盘金绣
202	虎头帽	ZY-M007		围度：44	丝	垫绣
203	凤帽	ZY-M008		围度：46	丝	平绣
204	虎头帽	ZY-M009		围度：52	丝	垫绣
205	虎头帽	ZY-M010		围度：72	棉	贴布绣
206	碗帽	ZY-M011		围度：39	棉	—
207	帽圈	ZY-M012		围度：43.5	丝	打籽绣
208	帽圈	ZY-M013		围度：46	丝	堆绫绣
209	帽圈	ZY-M014		围度：46	丝	盘金绣

续表

序号	名称	编号	实物图片	尺寸（单位：cm）	材料	备注
210	帽圈	ZY-M015		围度：47	丝	堆绫绣
211	碗帽	ZY-M016		围度：49.5	麻	钉金装饰
212	呼吸帽	ZY-M017		围度：40.5	丝	垫绣
213	帽圈	ZY-M018		围度：51.5	丝	贴布绣
214	风帽	ZY-M019		围度：46	丝	钉珠、贴布装饰
215	风帽	ZY-M020		围度：47	棉	—
216	风帽	ZY-M021		围度：48.5	棉	—
217	风帽	ZY-M022		围度：58	丝	—
128	风帽	ZY-M023		围度：48	棉	—
219	风帽	ZY-M024		围度：70	棉	人物、花卉绣

序号	名称	编 号	实物图片	尺寸（单位：cm）	材料	备注
220	戏帽	ZY-M025		高度：27.5；最宽处：39	丝	花卉绣
221	碗帽	ZY-M026		围度：43.5	丝	花卉绣
222	眉勒	ZY-ML001		长度：44；最宽处：9.5	丝	钉珠绣
223	眉勒	ZY-ML002		长度：40；最宽处：7	丝	镂空绣
224	眉勒	ZY-ML003		宽度：43；最高处：8	丝	盘金绣
225	眉勒	ZY-ML004		宽度：43；最高处：6.5	丝	花卉动物绣
226	眉勒	ZY-ML005		宽度：41；最高处：9	丝	贴布、花卉绣
227	眉勒	ZY-ML006		宽度：43.5；最高处：9	丝	花卉绣
228	眉勒	ZY-ML007		宽度：41.5；最高处：9.5	丝	贴布、花卉绣
229	眉勒	ZY-ML008		宽度：41.5；最高处：10	丝	贴布、花卉绣
230	眉勒	ZY-ML009		宽度：41；最高处：10	丝	花卉绣
231	眉勒	ZY-ML010		宽度：43；最高处：9.5	丝	花卉绣
232	眉勒	ZY-ML011		宽度：42；最高处：4.5	棉	—
233	眉勒	ZY-ML012		宽度：48；最高处：3.8	丝	钉珠绣
234	眉勒	ZY-ML013		宽度：47.5；最高处：11	丝	钉玉绣

续表

序号	名称	编号	实物图片	尺寸（单位：cm）	材料	备注
235	眉勒	ZY-ML014		长度：43.3；宽度：10	丝	钉玉绣
236	眉勒	ZY-ML015		长度：43；宽度：10	丝	钉珠、花卉绣
237	眉勒	ZY-ML016		长度：42.5；宽度：10	丝	钉珠、花卉绣
238	眉勒	ZY-ML017		长度：41.5；宽度：10	丝	钉珠、花卉绣
239	暖耳	ZY-NE001		高度：9；宽度：8.5	丝	刺绣"卍"字纹
240	暖耳	ZY-NE002		长度：10.5；宽度：9	丝	刺绣文字纹样
241	抱肚荷包	ZY-YB001		宽度：34.5；最高处：16.6	丝	绣花卉纹
242	抱肚荷包	ZY-YB002		宽度：31.5；最高处：14.5	棉	绣花卉纹
243	抱肚荷包	ZY-YB003		宽度：31.5；最高处：14.5	棉	绣"狮子绣球"纹
244	抱肚荷包	ZY-YB004		宽度：38.3；最高处：13.4	丝	绣石榴多子纹
245	抱肚荷包	ZY-YB005		宽度：32；最高处：14	棉	绣龙凤纹
246	抱肚荷包	ZY-YB006		宽度：42；最高处：18	棉	绣"金鱼莲花"纹

续表

序号	名称	编号	实物图片	尺寸（单位：cm）	材料	备注
247	抱肚荷包	ZY-YB007		宽度：32；最高处：14	丝	绣莲花石榴纹
248	抱肚荷包	ZY-YB008		宽度：33；最高处：14	丝	"鹊桥相会"纹样
249	抱肚荷包	ZY-YB009		宽度：32；最高处：14	丝	绣石榴花卉纹
250	抱肚荷包	ZY-YB010		宽度：27.5；最高处：13.5	丝	绣"因莲得藕"纹
251	抱肚荷包	ZY-YB011		宽度：32；最高处：15.5	丝	绣莲花金鱼纹
252	抱肚荷包	ZY-YB012		宽度：30；最高处：14.5	丝	绣莲花纹
253	抱肚荷包	ZY-YB013		宽度：32；最高处：14.5	丝	绣凤纹
254	抱肚荷包	ZY-YB014		宽度：32.5；最高处：14.5	丝	绣莲花纹
255	钱荷包	ZY-HB001		宽度：10.7；高度：11.5	丝	蝴蝶花卉纹
256	天足鞋	ZY-X001		长度：23；宽度：7.5	丝	花卉绣
257	天足鞋	ZY-X002		长度：22.3；宽度：8	丝	花卉绣

续表

序号	名称	编 号	实物图片	尺寸（单位：cm）	材料	备注
258	放足鞋	ZY–X003		长度：18.6；宽度：5.2	丝	织锦
259	天足鞋	ZY–X004		长度：24.2；宽度：9	条绒	花卉绣
260	虎头鞋	ZY–X005		长度：15；宽度：7.7	丝绒	—
261	连跟弓鞋	ZY–X006		长度：13；宽度：4	丝	盘金、花卉绣
262	连跟弓鞋	ZY–X007		长度：17；宽度：5.5	丝	—
263	猪头鞋	ZY–X008		长度：15；宽度：7	棉	贴布绣
264	天足靴	ZY–X009		长度：27；宽度：7.5；高度：27	棉	—
265	放足鞋	ZY–X010		长度：14；宽度：4.3	丝	织锦
266	天足鞋	ZY–X011		长度：21.5；宽度：8	丝	花卉绣
267	天足鞋	ZY–X012		长度：22.2；宽度：8.6	丝	印花

续表

序号	名称	编号	实物图片	尺寸（单位：cm）	材料	备注
268	天足鞋	ZY–X013		长度：23；宽度：8	丝	梅花、凤绣
269	天足鞋	ZY–X014		长度：21.5；宽度：8	丝	花卉绣
270	天足鞋	ZY–X015		长度：24.5；宽度：8.4	棉	绣凤
271	虎头鞋	ZY–X016		长度：15；宽度：8	丝绒	—
272	天足鞋	ZY–X017		长度：24；宽度：9	条绒	凤穿牡丹绣
273	寿鞋	ZY–X018		长度：23；宽度：8.3	丝	—
274	天足鞋	ZY–X019		长度：22；宽度：8.3	棉	绣凤
275	放足鞋	ZY–X020		长度：21.5；宽度：5.5	丝	织锦
276	连跟弓鞋	ZY–X021		长度：13.4；宽度：3.5；靴高：12.7	丝	花卉绣
277	连跟弓鞋	ZY–X022		长度：12；宽度：3；靴高：13.5	丝	花卉贴布绣

续表

序号	名称	编号	实物图片	尺寸（单位：cm）	材料	备注
278	连跟弓鞋	ZY-X023		长度：13；宽度：5	丝	贴布绣
279	连跟弓鞋	ZY-X024		长度：13；宽度：4.5；高度：15	丝	花卉绣
280	连跟弓鞋	ZY-X025		长度：13.5；宽度：5；高度：14.5	丝	花卉贴布绣
281	连跟弓鞋	ZY-X026		长度：13；宽度：5.5	丝	花卉贴布绣
282	连跟弓鞋	ZY-X027		长度：12.5；宽度：4.5	丝	花卉绣
283	放足鞋	ZY-X028		长度：18；宽度：6.6	丝	花卉绣
284	天足鞋	ZY-X029		长度：22；宽度：7.5	丝	蝴蝶花卉绣
285	连跟弓鞋	ZY-X030		长度：14；宽度：4.5	丝	花卉绣
286	连跟弓鞋	ZY-X031		长度：13；宽度：4.5	丝	花卉绣
287	连跟小靴	ZY-X032		长度：13；宽度：5；高度：13.5	丝	花卉、蝴蝶绣

续表

序号	名称	编 号	实物图片	尺寸（单位：cm）	材料	备注
288	平底弓鞋	ZY-X033		长度：16；宽度：3.3	丝	花卉、吉鸟绣
289	小脚长靴	ZY-X034		长度：12；宽度：5.5；高度：19	丝	花卉、蝴蝶绣
290	小脚长靴	ZY-X035		长度：12；宽度：5.5；高度：19	丝	—
291	小脚长靴	ZY-X036		长度：12.5；宽度：5.5；高度：18	丝	—
292	小脚长靴	ZY-X037		长度：12.5；宽度：5.5；高度：18	丝	—
293	小脚长靴	ZY-X038		长度：12.5；宽度：5.5；高度：18	丝	—
294	小脚长靴	ZY-X039		长度：12.5；宽度：5.5；高度：18	丝	—
295	小脚长靴	ZY-X040		长度：12.5；宽度：5.5；高度：18	丝	—
296	小脚长靴	ZY-X041		长度：12.5；宽度：5.5；高度：18	丝	—
297	天足鞋	ZY-X042		长度：21.6；宽度：8.7	丝	花卉绣

序号	名称	编号	实物图片	尺寸（单位：cm）	材料	备注
298	天足鞋	ZY-X043		长度：20.6；宽度：8.5	丝	凤鸟花卉绣
299	天足鞋	ZY-X044		长度：22；宽度：9	丝	金鱼绣
300	天足鞋	ZY-X045		长度：21；宽度：8	丝	花卉绣
301	天足鞋	ZY-X046		长度：23；宽度：8.6	丝	花卉绣
302	放足鞋	ZY-X047		长度：20.5；宽度：6	丝	水纹绣
303	天足鞋	ZY-X048		长度：22；宽度：7	丝	凤鸟花卉绣
304	天足鞋	ZY-X049		长度：22；宽度：9	丝	花卉绣
305	放足鞋	ZY-X050		长度：21；宽度：6	丝	蝴蝶花卉绣
306	天足鞋	ZY-X051		长度：21.6；宽度：9	丝	花卉绣
307	天足鞋	ZY-X052		长度：21.5；宽度：8	丝	花卉绣

序号	名称	编 号	实物图片	尺寸（单位：cm）	材料	备注
308	天足鞋	ZY-X053		长度：22；宽度：7.7	丝	花卉绣
309	天足鞋	ZY-X054		长度：20.5；宽度：6.2	丝	花卉满绣
310	天足鞋	ZY-X055		长度：21；宽度：8.3	丝	凤鸟花卉绣
311	天足鞋	ZY-X056		长度：22；宽度：8.8	丝	花卉绣
312	天足鞋	ZY-X057		长度：21.3；宽度：8	丝	花卉绣
313	天足鞋	ZY-X058		长度：22；宽度：8.5	丝	蝴蝶花卉绣
314	天足鞋	ZY-X059		长度：23.3；宽度：8.8	丝	花卉绣
315	天足鞋	ZY-X060		长度：21.5；宽度：8	丝	花卉绣
316	天足鞋	ZY-X061		长度：22.1；宽度：8.6	丝	喜鹊花卉绣
317	天足鞋	ZY-X062		长度：24；宽度：9.6	丝	蝴蝶花卉绣
318	天足鞋	ZY-X063		长度：21.1；宽度：8.9	丝	英文字母绣

续表

序号	名称	编 号	实物图片	尺寸（单位：cm）	材料	备注
319	天足鞋	ZY–X064		长度：22.4；宽度：8.7	丝	凤鸟花卉绣
320	天足鞋	ZY–X065		长度：20.8；宽度：7.8	丝	凤鸟花卉绣
321	天足鞋	ZY–X066		长度：21.8；宽度：8	丝	凤鸟花卉绣
322	天足鞋	ZY–X067		长度：20.3；宽度：7.5	丝	花卉绣
323	天足鞋	ZY–X068		长度：23.3；宽度：9.5	丝	花卉绣
324	天足鞋	ZY–X069		长度：22；宽度：8.3	丝	蝴蝶花卉绣
325	天足鞋	ZY–X070		长度：20.5；宽度：6.6	棉	梅花鹿、植物绣
326	天足鞋	ZY–X071		长度：23；宽度：8.3	丝	喜鹊花卉绣
327	放足鞋	ZY–X072		长度：17.8；宽度：4.3	棉	—
328	放足鞋	ZY–X073		长度：21.5；宽度：6	丝	花卉绣
329	天足鞋	ZY–X074		长度：22.5；宽度：8.5	丝	花卉绣

续表

序号	名称	编号	实物图片	尺寸（单位：cm）	材料	备注
330	天足鞋	ZY–X075		长度：21.7；宽度：8.3	丝	花卉绣
331	天足鞋	ZY–X076		长度：21；宽度：6.7	丝	花卉绣
332	天足鞋	ZY–X077		长度：22.7；宽度：8.5	丝	花卉绣
333	天足鞋	ZY–X078		长度：22；宽度：8.4	丝	花卉绣
334	天足鞋	ZY–X079		长度：20；宽度：6.8	丝	喜鹊花卉绣
335	天足鞋	ZY–X080		长度：21.3；宽度：8.8	丝	花卉绣
336	放足鞋	ZY–X081		长度：20.6；宽度：5.7	丝	蝴蝶花卉绣
337	天足鞋	ZY–X082		长度：22.5；宽度：8	丝	花卉绣
338	天足鞋	ZY–X083		长度：21；宽度：7.9	棉	花卉绣
339	草鞋	ZY–X084		长度：27.5；宽度：9.7	草	—
340	平底弓鞋	ZY–X085		长度：18.5；宽度：5.5	丝	莲花绣

续表

序号	名称	编 号	实物图片	尺寸（单位：cm）	材料	备注
341	连跟弓鞋	ZY-X086		长度：13；宽度：5	丝	花卉绣
342	绣花长靴	ZY-X087		长度：11；宽度：4.5；靴高：17	丝	花卉绣
343	小脚靴	ZY-X088		长度：15.7；宽度：6	棉	平底
344	连跟弓鞋	ZY-X089		长度：12；宽度：5	棉	贴布花卉绣
345	连跟弓鞋	ZY-X090		长度：12；宽度：5	丝	贴边装饰
346	连跟弓鞋	ZY-X091		长度：13；宽度：5	丝	贴布花卉绣
347	连跟弓鞋	ZY-X092		长度：13；宽度：5	丝	贴布花卉绣
348	连跟弓鞋	ZY-X093		长度：12；宽度：5	丝	贴边花卉绣
349	连跟弓鞋	ZY-X094		长度：13.5；宽度：5	丝	贴边花卉绣
350	连跟弓鞋	ZY-X095		长度：12；宽度：5	丝	贴边花卉绣
351	连跟小脚靴	ZY-X096		长度：11；宽度：4.5	丝	织带贴边、花卉刺绣

序号	名称	编号	实物图片	尺寸（单位：cm）	材料	备注
352	连跟小脚靴	ZY–X097		长度：11.5；宽度：4.5	丝	织带贴边装饰
353	连跟小脚靴	ZY–X098		长度：12.5；宽度：5	丝	花卉绣
354	放足绣花鞋	ZY–X099		长度：20；宽度：6	棉	花卉绣
355	放足绣花鞋	ZY–X100		长度：18.7；宽度：5.6	丝	花卉绣
356	天足鞋	ZY–X101		长度：23.5；宽度：9.5	丝	凤鸟花卉绣
357	天足鞋	ZY–X102		长度：22.5；宽度：8.3	丝	狮子花卉绣
358	天足鞋	ZY–X103		长度：22.5；宽度：8.4	丝	凤鸟花卉绣
359	连跟弓鞋	ZY–X104		长度：13；宽度：5	棉	花卉绣
360	平底弓鞋	ZY–X105		长度：15；宽度：5.5	棉	花卉绣
361	连跟弓鞋	ZY–X106		长度：13；宽度：4.5；靴高：5.5	棉	花卉绣
362	连跟弓鞋	ZY–X107		长度：12；宽度：4	丝	贴布花卉绣

续表

序号	名称	编号	实物图片	尺寸（单位：cm）	材料	备注
363	平底弓鞋	ZY-X108		长度：11；宽度：4.5	丝	绣花卉、蝴蝶
364	皮鞋	ZY-X109		长度：22.5；宽度：8.5	皮	—
365	短靴	ZY-X110		长度：16；宽度：5.5；靴高：14.5	棉	织带贴边
366	靴	ZY-X111		长度：17.5；宽度：8；高度：7.5	皮	—
367	袜	ZY-X112		长度：24；宽度：9.5；高度：15.5	棉	—
368	鞋跟	ZY-XG001		总高度：10.5；鞋跟高度：4.5；鞋跟直径：4.3	丝	盘金绣花卉
369	鞋跟	ZY-XG002		总高度：10.5；鞋跟高度：4.5；鞋跟直径：4.3	丝	绣花卉
370	鞋垫	ZY-XD001		长度：23.5；宽度：8	棉	—
371	鞋垫	ZY-XD002		长度：21.8；宽度：7.3	棉	纳菱形纹
372	鞋垫	ZY-XD003		长度：23.6；宽度：7.6	棉	纳"喜"字纹

序号	名称	编号	实物图片	尺寸（单位：cm）	材料	备注
373	鞋垫	ZY-XD004		长度：24.1；宽度：8.6	棉	纳几何、花卉纹样
374	鞋垫	ZY-XD005		长度：25；宽度：8	棉	纳几何、花卉纹样
375	鞋垫	ZY-XD006		长度：23.5；宽度：7.5	棉	纳菱形纹
376	鞋垫	ZY-XD007		长度：23；宽度：8.3	棉	刺绣花卉纹
377	绑腿	ZY-BT001		长度：146；宽度：5.6	棉	手工织造（一条）
378	绑腿	ZY-BT002		长度：107；宽度：5.6	棉	手工织造（一对）
379	绑腿	ZY-BT003		长度：146；宽度：5.6	棉	手工织造（一对）
380	粉红围巾	ZY-WJ001		长度：352；宽度：22.7	丝	暗纹提花

后　记

行文末了，回顾课题开展以来的工作和生活，感慨万千，恐言语未能表达我内心的情感。

进入21世纪以来，传统服饰文化遗产研究引起了越来越多学者的关注，并取得了夥矣众哉的研究成果，特别是现在仍有穿用的少数民族服饰，其所具备的宗教与文化的神秘性成为众多学者窥探的兴趣点。对于我国人口最多的汉族传统服饰，以朝代为时间轴而论的著作较为普遍，但以庞大汉民族地域与文化特色为切入点的研究还不够充分。在此背景下，江南大学服饰理论与文化研究团队开展了一系列汉族不同聚集区域的民间服饰研究，如"齐鲁""江南""山东""惠安汉族""广西高山汉族"等地。中原地区是我国重要的文化发源地，社会科学与历史文化研究基础深厚，但由于河南省以服饰为特色的高校与科研机构仍相对较少，已有服饰文化研究还停留在散点描述上，需要有系统的探讨和史程梳理加以贯穿。作为一个土生土长的河南人，我很荣幸能够有机会开展中原地区民间服饰的研究，同时又能感受到这份沉甸甸的责任感与使命感。如此，2012年博士入学伊始便启动了近代中原地区汉族民间服饰的考察与梳理工作。

本书撰写以大量的服饰传世实物研究为基础，通过近代报纸杂志、研究成果等文献资料的查阅理清思路，以中原特色文化区域的实地考察和访谈调研为佐证，力争大处着眼，小处入手，将近代中原地区汉族民间服饰的变迁过程向读者娓娓道来。与此同时，期望以与百姓生活最密切相关的服饰品为媒介，使读者了解服饰与社会政治、经济、文化传播之间的相互关系，构建一个更为系统的近代中原汉族民间服饰知识体系。

此书是在本人博士毕业论文的基础上完成的，静心细想，怀抱着对传统服饰文化的一腔热忱，自硕士研究生学习加入江南大学服饰理论与文化研究团队已八年有余。从被服饰表象精美的装饰所吸引，到学习、掌握、喜爱、痴迷，以及最终决定投身于服饰文化研究工作，江南大学纺织服装学院服饰文化研究成果与平台，为我提供了充足的研究资源；江南大学汉族民间服饰传习馆十几年来不断丰富的藏品为我的研究工作提供了丰富的实物基础。在此，特别感谢江南大学纺织服装学院、江苏省非物质文化遗产研究基地、服饰文化与创意设计研究室老师们、同仁们多年来的辛勤付出，强大的研究团队与勠力同心的合作精神是研究工作得以拓展的保障。

课题的开展与进行终究不是那么顺利的，特别是博士研究生阶段的学习，选择一种方法，形成一个思路，得到一个观点都需要不断自我推翻与论证。正如费孝通先生所言"对自己所研究领域和问题进行自我评估，需要不断进行学术反思"。我很幸运的是总有人在我眉头紧锁、意志消沉的时候帮助我、鼓励我。

最应该感激的是我的恩师梁惠娥教授。多年的朝夕相处，她严谨扎实的治学态度、温润宽厚的培养方式时时刻刻感染着我：梁老师常因要与我讨论课题而放弃节假日，临近春节还专程到学校给我提出课题修改意见；出差的路上怀揣着我沉甸甸的书籍稿件；鼓励我不断地挑战自己，为我海外联合培养学习殚精竭虑；支持我走出学校参加国际会议，与更多知名专家学者进行学术探讨，丰富视野。亲人般无微不至的关心和帮助，点点滴滴我了然于心，却又因太熟悉、太在乎而羞于表达。其次，还要感谢江南大学纺织服装学院的老师们：高卫东教授、王鸿博教授、许长海教授等对我课题开题的意见与帮助；崔荣荣教授不厌其烦的悉心指导与言传身教让我茅塞顿开；张竞琼教授兢兢业业的学术精神时刻鼓励着我。同时，感谢美国路易斯安那州立大学Dr. Chuanlan Liu教授，在美国联合培养期间手把手教我服饰文化与消费的理论知识，并不断与我讨论修改课题方向；感谢香港理工大学Dr. Liu Wingsun教授，亲身示范访谈式的研究方法，指引我扩展思路，鼓励我尝试不同的研究视角。

感谢丰富我课题实物资料的中原服饰文化与设计中心、中原工学院的老师和同学们，多次向我讲解中原民间工艺美术与民俗文化的毛本华教授，以及实地调研过程中为我提供帮助的河南省史志办公室、开封汴绣厂、许昌豫剧团、许昌服装厂等单位的工作人员。

感谢江南大学设计学院学科建设经费以及江苏省非物质文化遗产研究基地对本书出版提供的经费支持。

感谢中国纺织出版社编辑老师在本书出版编审过程中付出的辛勤工作。

而今党和国家为传统文化的复兴与传承提供了丰厚的土壤，有幸作为一个青年学者正沉浸在日益完善的学术氛围与研究环境中，必将秉承前辈们博大精深的学术风范与勤勤恳恳的工作态度，投入到扎实与丰富我国文化事业与服装产业的建设中，努力工作，回馈社会。

　　尽管课题的开展与完善历经数年，然中原汉族民间服饰遗产的艺术造诣与文化内涵博大精深，书中仍有诸多未尽之处，恳请专家学者与各界读者批评指正，切磋交流，不吝赐教。

邢乐

2018年8月于江南大学